THREE CRUCIAL
INVENTIONS FOR MODERN
AIRCRAFT CARRIER
ANGLED DECK, STEAM CATAPULT
AND OPTICAL LANDING SYSTEM

现代航空母舰的
三 大 发 明

斜角甲板、蒸汽弹射器与光学
着舰辅助系统的起源和发展

张明德 著

华中科技大学出版社
http://www.hustp.com

图书在版编目（CIP）数据

现代航空母舰的三大发明：斜角甲板、蒸汽弹射器与光学着舰辅助系统的起源和发展/张明德著. —
武汉：华中科技大学出版社，2022.1
ISBN 978-7-5680-7572-5

I.①现… Ⅱ.①张… Ⅲ.①航空母舰—介绍—美国 Ⅳ.①E925.671

中国版本图书馆CIP数据核字（2021）第219271号

本书由知书房出版社授权出版
湖北省版权局著作权合同登记图字：17-2021-210号

现代航空母舰的三大发明：斜角甲板、蒸汽弹射器与光学着舰辅助系统的起源和发展　　张明德　著

Xiandai Hangkongmujian de Sanda Faming: Xiejiao Jiaban、Zhengqi Tansheqi yu Guangxue Zhuojian Fuzhu Xitong de Qiyuan he Fazhan

策划编辑：金　紫

责任编辑：陈　骏

封面设计：千橡文化

责任校对：李　弋

责任监印：朱　玢

出版发行：华中科技大学出版社（中国·武汉）　　电话：(027)81321913
　　　　　武汉市东湖新技术开发区华工科技园　　邮编：430223

录　　排：北京千橡文化传播有限公司

印　　刷：固安兰星球彩色印刷有限公司

开　　本：710mmx1000mm　1/16

印　　张：18

字　　数：381千字

版　　次：2022年1月第1版第1次印刷

定　　价：96.00元

编辑推荐

　　航空母舰是当代世界上唯一终极海上多任务作战平台，也是空海一体战、全域作战等各种新旧理论和实战的中心点。作为当今海上不可或缺的利器和一个国家综合国力的象征，航空母舰的重要性不言而喻，其研发历程、技术发展也是值得我们了解的。当今世界各国发展航空母舰和相应的海陆空力量是很实际的做法。"航空母舰丛书"立意就是做一些科普工作。

　　华中科技大学出版社出版的"航空母舰丛书"第一批推出《美国海军超级航空母舰：从"合众国"号到"小鹰"级》《美国海军超级航空母舰：从"企业"号到"福特"级》《现代航空母舰的三大发明：斜角甲板、蒸汽弹射器与光学着舰辅助系统的起源和发展》，深入而清晰地讲述了美国海军超级航空母舰的研发、制造和改进过程，以及航空母舰这一终极海上多任务作战平台的运用历史。本丛书以美国海军航空母舰发展的时间为脉络，将航母发展中发生的技术进步从航母设计的技术角度完整呈现，在国内尚属首次。作者以其事无巨细的文风将航母发展过程中的那些故事娓娓道来，使读者极为尽兴。作者特别撰写了现代航空母舰三大发明的背景和全过程，细致地疏理了现代航空母舰的发展。

　　本书作者张明德是著名军事作家和军事领域专栏编辑，在长达十几年的军事文章写作过程中形成了自己的风格。他的文章内容翔实，基础资料多来源于国外的原版资料，对于航空母舰技术、发展的描写和分析从不用推测方法进行臆想，而是极为关注该领域的最新文章、书籍。本书中的很多内容都曾经在军事刊物或论坛中发表，引起了读者的广泛好评。

目录
Content

第 **1** 部

喷气式飞机时代的航空母舰——新挑战与新需求

1 导论：喷气式飞机与航空母舰　　　　　　　　　003

喷气式飞机时代降临航空母舰　　　　　　　　004

过渡期的折中方案——活塞螺旋桨加喷气的复合推进　　008

2 适应不良的航空母舰与喷气式飞机　　　　　　035

喷气式飞机的"航空母舰适应不良症"　　　　036

"二战型"航空母舰的"喷气式飞机适应不良症"　　055

第 **2** 部
斜角甲板的发明与应用

3 斜角甲板的诞生   071

喷气式飞机航空母舰降落技术发展的起步   **071**

陷入歧途的美国海军   **078**

从弹性甲板到斜角甲板   **085**

4 斜角甲板的应用与普及   103

斜角甲板航空母舰的诞生   **107**

第**3**部
蒸汽弹射器的发展

5 蒸汽弹射器的诞生 123

蒸汽弹射器的早期发展 134

6 蒸汽弹射器的普及与演进 161

蒸汽弹射器的实用化 161   改变航空母舰面貌的蒸汽弹射器 180

英制蒸汽弹射器的普及 164   美国海军的第2代蒸汽弹射器 185

英国海军的第2代蒸汽弹射器 169   第3代蒸汽弹射器 199

美国海军的蒸汽弹射器应用 174

第 **4** 部
光学降落辅助系统的发展

7 光学降落辅助系统的诞生　　　219

黎明期的探索　　　220

二战时期的降落信号官　　　223

喷气式飞机时代的新挑战　　　239

8 光学降落辅助系统的演进   249

镜式着舰辅助系统的应用与普及   249

皇家海军的第2代光学着舰辅助系统   257

美国海军的菲涅耳透镜光学降落系统   262

附录　英制单位与公制单位换算表   278

第1部

喷气式飞机时代的航空母舰
——新挑战与新需求

★★★★★

1

导论：喷气式飞机
与航空母舰

美国海军在第二次世界大战（以下简称二战）中建立了空前庞大的海上航空力量。珍珠港事件前，美国海军一共只有7艘航空母舰，还少于日本海军，然而在对日作战胜利时，已拥有多达97艘现役航空母舰，包括20艘大型航空母舰、8艘轻型航空母舰与69艘护航航空母舰，另外还有21艘航空母舰正在建造中——这个数字还未计入因战争结束而中止建造的20多艘航空母舰！

尽管美国海军在战时的扩充速度惊人，建成了最大规模的航空母舰兵力，并在对日作战中累积了无比丰富的航空母舰运用经验，但是在应对喷气航空时代到来的技术准备上，却落后于英国皇家海军。

因此我们在探究现代航空母舰技术的发展时，自然便会出现以下的问题：

◆ 为什么是英国皇家海军率先发展了斜角甲板、蒸汽弹射器与光学辅助降落系统？

◆ 当英国皇家海军进行航空母舰设计的"转型"（Transform）以便在航空母舰上普遍运用高性能喷气式飞机时，同时间的美国海军为什么没有发展出这些技术？

◆ 当英国发展出这3项新技术后，美国海军又是如何通过吸收英国技术弥补了与英国皇家海军间的差距？

喷气式飞机时代降临航空母舰

在喷气式飞机的实用化与喷气式飞机的"海军化"应用方面，英国都是领先者。1941年5月15日，1架喷气战斗机格洛斯特（Gloster）E.28/39完成了英国首次喷气式飞机飞行；一年半以后，美国在1942年10月1日进行了首架喷气式飞机贝尔（Bell）XP-59A的首飞，而且使用的是源自英国设计的涡轮喷气发动机。

格洛斯特E.28/39与XP-59A两种机型都是研发测试用机，英国首种实用化的喷气战斗机是1943年3月5日首飞的格洛斯特"流星"（Meteor）喷气战斗机，美国首先配有武器的喷气式

左图：英国皇家海军于1945年12月3日进行的史上首次喷气式飞机航空母舰起降试验，意味着以航空母舰为核心的海军航空力量发展，正式进入喷气式飞机时代。图片为当时进行试验的德·哈维兰"吸血鬼"战机降落在"海洋"号航空母舰上。（知书房档案）

飞机则是1943年9月交付的XP-59A发展型YP-59A。

　　当英国皇家空军与美国陆军航空军于20世纪40年代初期开始试飞喷气式飞机时，英国皇家海军与美国海军也密切注意着这项新技术的发展，并分别从友军取得了格洛斯特"流星"喷气战斗机与YP-59A用于评估试验。不幸的是，格洛斯特"流星"与P-59"空中彗星"（Airacomet）喷气战斗机都被判定为不适合航空母舰操作——由于当时的喷气发动机推力有限，导致飞机加速慢、滑跑起飞距离过长，且降落速度也偏高，以致这两种早期喷气式飞机都缺乏航空母舰操作所需的起降性能。

　　不过英国还有另一款机型可用，即1943年9月首飞的德·哈维兰（de Havilland）"吸血鬼"（Vampire）喷气战斗机。因此，英国皇家海军抢先一步，1945年12月3日，著名试飞员艾瑞克·布朗（Eric Brown）少校驾驶1架加装了捕捉钩、强化了起落架、襟翼面积也扩大了40%（可降低降落速度）的"吸血鬼"Mk.I型喷气战斗机，成功降落在"海洋"号航空母舰（HMS Ocean）上，布朗当天在"海洋"号航空母舰上一共进行了4次拦阻降落与起飞，成为史上第一位在航空母舰上完成喷气式飞机起降的人，3天后他又在"海洋"号航空母舰上进行了11次起降循环试验，正式宣告航空母舰进入了喷气式飞机时代。

海军喷气式飞机的摇篮期

　　在美国方面，美国海军与陆军航空队（USAAF）几乎同时右图：在喷气式飞机航空母舰操作研究这个领域，英国皇家海军居于领先地位。1945年12月3日，皇家海军率先完成史上首次喷气式飞机航空母舰的起降，由试飞员艾瑞克·布朗驾着1架"吸血鬼"Mk.I型喷气战斗机降落在"海洋"号航空母舰上，然后又成功驾机起飞离舰。上图为当天布朗驾着"吸血鬼"Mk.I型喷气战斗机在"海洋"号航空母舰上起降的镜头。（知书房档案）

展开喷气发动机的引进工作，但发展路线大相径庭，陆军是直接引进英国技术，而海军则与本土厂商合作自力发展。

陆军航空队司令阿诺德（Henry Arnold）在1941年初得知，英国的喷气发动机技术已有了突破性进展，于是他立即促成在美国国家航空咨询委员会（NACA，现在的美国航空航天署）下成立1个喷气推进特别研究部。当喷气推进特别研究部于1941年3月成立后，阿诺德紧接着便于1941年4月飞往英国参访，结果发现英国的喷气发动机研发进展超乎他的预期，搭载惠特尔（Frank Whittle）W.1发动机的格洛斯特E.28/39实验机，很快就在1941年5月完成了首次喷气动力飞行，同时由W.1发展而来的W.2与W.2B等新发动机的开发工作，也正在紧锣密鼓地进行中。

于是在阿诺德亲自安排下，英国同意向美国提供生产W.2B离心式涡轮喷气发动机所需的技术指导，以及地面运转测试用的W.1X发动机实物样品。美国陆军航空军随即于1941年9月4日责成通用电气（GE）公司负责生产W.2B发动机的美国版。

通用电气公司是当时最重要的涡轮增压器供应商之一，他们熟悉航空用涡轮机的研发与制造，在新型涡轮发动机研究方面也有所突破，并正在自行开发涡轮旋桨形式的TG-100发动机（即后来的T31涡轮旋桨发动机），他们也因此被美国陆军航空军选为授权生产英国W.2B发动机的承包商。W.2B发动机经通用电气公司的"美国化"改进后，成果便是1942年4月开始运转测试并于同年10月用于XP-59A首飞的I-A发动机。

I-A发动机后来被改进为I-14，最后发展成为推力提高60%的I-16发动机（后来的编号为J31），性能相当于英国罗尔斯·罗伊斯（Rolls-Royce）公司由W.1、W.2B等惠特尔发动机发展而来的德文特（Derwent）发动机，也就是格洛斯特"流星"喷气战斗机的动力来源。德文特发动机是英国第一种大量生产服役的喷气发动机，而I-16则是美国第一种投入量产服役的喷气

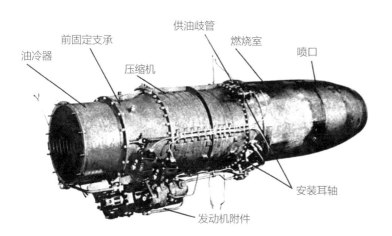

油冷器　前固定支承　供油歧管　燃烧室　喷口　压缩机　安装耳轴　发动机附件

左图：西屋19系列发动机是美国海军第一代涡轮喷气发动机，也是美国海军第一种喷气动力战机FD-1/FH-1"幽灵"式战机的动力来源。（美国海军图片）

发动机，被用在陆军航空军的P-59A量产机，以及海军的FR-1"火球"（Fireball）复合动力飞机上。

相较于与通用电气公司合作的陆军，海军则联系上西屋（Westinghouse）公司[1]，于珍珠港事件发生隔天的1941年12月8日，签约发展西屋自行设计的轴流式涡轮喷气发动机，成果即为1943年3月开始地面试验、1944年1月开展试飞的西屋19A涡轮喷气发动机（19代表入口直径为19英寸），后来又衍生出推力更大的19B与19XB发动机，这系列发动机最终被赋予J30的编号。

过渡期的折中方案——活塞螺旋桨加喷气的复合推进

早从太平洋战争的一开始，美国海军便展开了喷气发动机开发工作。喷气推进固然拥有更大的发展潜力，但早期的喷气发动机存在着推力小、油门操作反应慢与耗油率高等问题，对于有低速操纵性与起降性能要求的舰载机来说，在应用上存在许多难以克服的障碍，因此在英国皇家空军与美国陆军航空军各自展开喷气式飞机试验的1941—1942年间，美国海军对于是否要跟进喷气式飞机的发展感到十分犹豫。

当时负责美国海军航空系统发展的海军航空局（BuAer），在新上任局长——刚从西南太平洋战区返国的麦凯恩（John McCain Sr.）中将的主导下，于1942年12月提出一种折中的构想——希望结合活塞发动机较佳的低速性能与燃油消耗率，以及喷气发动机的高空高速性能优势，发展一种同时配有活塞与喷气发动机的复合动力飞机。对喷气发动机性能尚不成熟的当时来说，复合动力不失为一种可行的折中选择，最后莱恩（Ryan）公司的提案从9家厂商中脱颖而出，发展成为FR-1

---

[1] 通用电气公司长期以来都为陆军战机提供搭配活塞发动机使用的涡轮增压器，西屋公司则从一战后便开始为海军制造船用蒸汽涡轮，两家公司都熟悉涡轮机的开发制造，与陆、海军也各有渊源。

"火球"。

FR-1"火球"是一种以活塞螺旋桨动力为主、喷气动力为辅的复合推进飞机，机上搭载的喷气发动机主要起辅助、增推的作用，平时以机头的莱特（Wright）R-1820-72W活塞发动机驱动螺旋桨提供飞行动力，当面临起飞、爬升或进行空战等需要更多动力的场合时，才开启机尾的通用电气I-16涡轮喷气发动机提供额外的推力。虽然FR-1"火球"的极速性能平平，但爬升率相当不错，比以爬升性能著称的F8F-1"熊猫"（Bearcat）、F4U"海盗"（Corsair）、衍生型F2G"超级海盗"（Super Corsair）还更胜一筹，被认为是担任拦截神风自杀机任务的良好选择[1]。

莱恩FR-1原型机XFR-1从1944年6月开始进行试飞，莱恩

上图：为克服早期喷气发动机过于耗油、油门反应慢、推力不足等缺陷，美国海军第一种配有喷气发动机的飞机，是采用混合动力构型的FR-1"火球"。平时以机头的莱特R-1820-72W活塞发动机来飞行，起飞、爬升或进行空战时则开启机尾的通用电气I-16涡轮喷气发动机提供额外的推力。（美国海军图片）

---

[1] 莱恩FR-1"火球"只使用活塞发动机时的速度仅295英里／时（474.6千米／时），同时启用活塞与喷气发动机可达404英里／时（650千米／时），以二战末期标准来说，其速度性能相当平庸，但海平面最大爬升率却能达到每分钟4800英尺。相较下，美国海军当时以爬升性能著称的活塞螺旋桨机型，如F8F家族中爬升最快的F8F-1"熊猫"战斗机，以及F4U家族中换装3000"马力"级的R-4360发动机、特别强化低空爬升率的F2G-2"超级海盗"战斗机，最大爬升率只有每分钟4570英尺和每分钟4400英尺。

右图：莱恩FR-1"火球"是美国海军第一种配备喷气发动机的舰载机，但这种复合动力飞机只是过渡机型，产量有限，服役时间也很短，当FH-1"幽灵"式战机、FJ-1"狂怒"战机等第1代实用化舰载喷气式飞机发展成熟后，莱恩FR-1"火球"便于1947年8月退役，只服役了2年多时间。（美国海军图片）

公司于1945年3月将FR-1量产机交付给海军新成立的VF-66中队，然后随即从1945年5月起在"突击者"号航空母舰（USS Ranger CV 4）上进行舰载适应性测试，由于不习惯莱恩FR-1"火球"的前三点式起落架操作，测试过程中事故连连，参与试验的7名飞行员中有2名因着舰失败而受伤，但VF-66中队仍成功完成了仅依靠活塞发动机的弹射起飞，并同时启用了活塞发动机与喷气发动机的弹射起飞与降落试验。完成航空母舰操作认证后，VF-66中队从1945年7月开始部署到太平洋战区。

1945年11月5日，配备莱恩FR-1"火球"的VF-41中队被部署到"威克岛"号护航航空母舰（USS Wake Island CVE 65），准备为飞行员们进行航空母舰作业认证，但隔天就发生了一起意外。11月6日，配属到VF-41中队的陆战队飞行员威斯特（Jack West）驾驶莱恩FR-1"火球"升空后，座机的活塞发动机突然失效，迫使威斯特仅仅依靠1具喷气发动机紧急返航，并在即将撞上拦阻网之前，勉强钩到最后1根拦阻索才着舰成功。

这次事故意外促成了史上第一次"纯"喷气动力航空母舰降落，比英国艾瑞克·布朗的喷气式飞机航空母舰降落试验早了将近1个月。不过莱恩FR-1"火球"并不是真正的喷气式飞

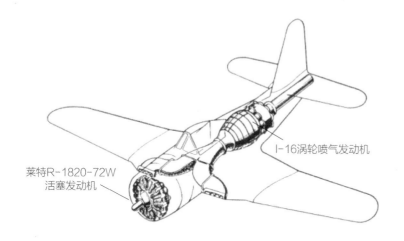

莱特R-1820-72W
活塞发动机

I-16涡轮喷气发动机

左图：莱恩FR-1"火球"是
一种活塞加上涡轮喷气复合
动力飞机。机头配备了1部
莱特R-1820-72W活塞发动
机。机身后段则配备了1具
通用电气公司的I-16涡轮喷
气发动机，以试图结合活塞
螺旋桨推进较佳的低速性能
与燃油消耗率，以及涡轮喷
气发动机的高空高速性能优
势。（知书房档案）

机，该机的涡轮喷气发动机主要起助推的作用，正常情况下该
机不会只以喷气动力降落，因此意义并不如艾瑞克·布朗的那
次试验重要[1]。

实用型舰载喷气式飞机诞生

复合动力的莱恩FR-1"火球"只是一种过渡机型，产量并
不大[2]，美国海军依旧希望获得适合航空母舰操作的"真正"
喷气式飞机，因此在西屋公司新的X19A发动机开始原型机地面
运转测试后，随即展开与这款发动机配套的舰载专用喷气式飞
机开发计划。

由于当时（1943年）正处于二战作战高峰时期，几家主要
的海军舰载机大厂如格鲁曼（Grumman）、沃特（Vought）与
道格拉斯（Douglas）等，都忙于既有主力机型的量产与改进工
作，难以分身承接喷气式飞机的开发任务，因此海军航空局令
人惊讶地找上之前只有过一款试验机（XP-67）开发经验的麦

---

[1] 据说威斯特当时驾驶的莱恩FR-1"火球"活塞发动机虽然出现故障，但尚未完
全停止运转，因此这个案例能否真正算是"完全的"喷气动力着舰，也存在
一些争议。

[2] 美国海军最初在1943年2月订购100架莱恩FR-1量产机，1945年1月将订单追加
到700架，但战争结束前只完成了66架，其余订单均被取消。

上图：1943年8月签订开发合约的麦克唐纳XFD-1，是美国海军第一种专门开发的舰载喷气战斗机，后来发展为FD-1/FH-1"幽灵"式战机。（美国海军图片）

克唐纳（McDonnell）公司。虽然麦克唐纳公司规模很小，经验也不足，但海军对该公司在XP-67试验机上所展现的设计创意与能力十分欣赏，以该公司采用2具西屋19XB发动机为动力的Model 11A方案为基础，双方于1943年8月签订了研制XFD-1"幽灵"式（Phantom）战机的合约，该战机是世界上第一种专为航空母舰操作而设计的喷气式飞机。

考虑到XFD-1至少要1年时间才能推出原型机进行试飞，为了先行体验喷气式飞机的操作特性，美国海军在签订XFD-1发展合约后3个月，于1943年11月另外从陆军航空军接收了2架YP-59，赋予YF2L-1的海军编号并开始试飞。但YP-59"空中彗星"喷气战斗机很快就被判定不适合航空母舰操作，仅能用于陆基操作，因此美国海军只能继续等待。

1944年，美国的喷气发动机技术又有新进展，西屋开始发展19型系列发动机的放大改良型24C系列（即后来的J34），而原先为美国陆军航空军承制英国W.1发动机美国版I-16的通用电气公司，除了推出以I-16为基础改进的I-40（后来的J33）外，也自行独立设计了轴流式喷气发动机TG-180（后来的J35）。

西屋24C、通用电气I-40与通用电气TG-180等新型发动机所能提供的推力，比前一代的通用电气I-16（J31）或西屋19系列（J30）高出2倍以上。以这几款新型发动机为基础，美国海军在1944年9月向8家飞机制造商发出研制新型舰载喷气战机的需求，要求开发一款采用西屋24C发动机的单座喷气战机，并希望能赶在登陆日本的"奥林匹克作战"（Operation Olympic）与"王冠作战"（Operation Coronet）前投入服役（也就是1946年5月前）。

由于喷气式飞机在当时属于全新的技术领域，基于分散风险和尽可能尝试各种不同设计的考虑，美国海军决定同时与多家厂商签约，最后海军航空局选中钱斯·沃特（Chance Vought）V-340与北美（North America）NA-134两个设计方案，分别在1944年12月与1945年1月，签订了沃特XF6U-1"海盗"式（Pirate）与北美XFJ-1"狂怒"（Fury）战机2款机型的研制合约。

与此同时，海军航空局也要求正在研制XFD-1的麦克唐纳提交一份XFD-1后继型的设计方案，以解决XFD-1速度与航程不足的问题，麦克唐纳提出以XFD-1为基础放大的Model 24方案被海军接受，于是双方便在1945年3月签订XF2D-1"女妖"

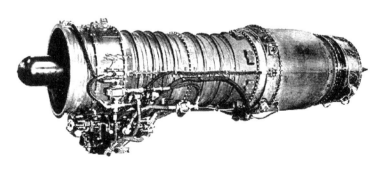

左图：1944年前后陆续推出的西屋24C、通用电气I-40与通用电气TG-180等新型发动机，推力比前一代的通用电气I-16（J31）或西屋19系列（J30）高出2倍以上，也促成了新一代舰载喷气式飞机的诞生。图片为军方代号为J34的西屋24C发动机。（美国海军图片）

右图：美国海军首次喷气式
飞机航空母舰起降试验，在
1946年7月21日由戴维森少校
驾驶XFD-12号原型机进行，
较英国晚了7个多月。当天
清晨，戴维森驾着XFD-1在
"富兰克林·罗斯福"号航
空母舰甲板上进行了5次成
功的起降试验，遇到的唯一
问题是喷气发动机对减速的
操作反应太慢，这也是早期
喷气发动机的通病。（美国
海军图片）

（Banshee）战机的研制合约。

在这3款新机型中，沃特的V-340设计方案选用1具西屋24C
发动机，北美公司认为西屋24C的推力不足，将NA-134设计方
案改为采用1具推力较大的通用电气TG-180发动机，而基于先
前XFD-1放大改良的麦克唐纳XF2D-1，则采用2具西屋24C发
动机。

到了1945年，美国海军有4款喷气战机开发计划在进行
中，其中率先问世的是最早开始研发、并于1945年1月26日首飞
成功的麦克唐纳XFD-1。1号原型机在1945年11月1日坠毁，而2
号原型机直到1946年初才建造完成，因此在XFD-1首飞过后1年
半，美国海军才在1946年7月展开该机的航空母舰试验。

1946年7月19日，XFD-1的2号原型机被吊运到停泊于诺
福克港（Norfolk）的"富兰克林·罗斯福"号航空母舰（USS
Franklin D. Roosevelt CVB 42）上。"富兰克林·罗斯福"号航
空母舰是当时美国海军最大的航空母舰，飞行甲板长度可让

左图：美国海军首次喷气式飞机航空母舰起降试验在"中途岛"级（Midway Class）的"富兰克林·罗斯福"号航空母舰上进行。"富兰克林·罗斯福"号航空母舰是当时美国海军最大的航空母舰，飞行甲板长度可让XFD-1不依靠弹射器的帮助自行滑跑起飞。（美国海军图片）

XFD-1不依靠弹射器的帮助而自行滑跑起飞[1]。"富兰克林·罗斯福"号航空母舰于次月出海，原定的首次航空母舰试飞日期，因飞机电气系统故障而延后1天。

1946年7月21日清晨，由戴维森（James Davidson）少校驾驶的XFD-1在"富兰克林·罗斯福"号航空母舰甲板上滑行了460英尺（140米）后起飞，盘旋一周后降落到舰上，成功完成了美国海军史上第1次喷气式飞机航空母舰起降。在一个半小时内，戴维森驾机一共进行了5次起降，每次着舰后都加满油以维持一致的起飞重量，5次起飞中，最短的滑行起飞距离仅360英尺（110米），显示出这种机型也具有在较小型的航空母舰上起降的能力。

于是在落后英国皇家海军7个多月后，美国海军也完成了

---

[1] "富兰克林·罗斯福"号航空母舰配有2套当时最强力的H4-1液压弹射器，理论上可将2.8万磅重机体以78节速度射出。XFD-1战机最大起飞重量虽只有1万磅，但配备的2具西屋19XB-2B涡轮喷气发动机推力不足，若搭配H4-1弹射器起飞，无法确定该机能否在弹射行程（约150英尺）内加速到起飞速度，于是美国海军决定改以较长的滑跑距离，来让该机自力起飞。

右图：从"塞班岛"号航空母舰上升空的VF-17A中队所属FH-1"幽灵"式战机，VF-17A中队也是世界上第1个获得航空母舰操作认证的舰载喷气式飞机作战单位。（美国海军图片）

首次喷气式飞机航空母舰起降试验。虽然进度较慢，不过美国海军使用的XFD-1是专为航空母舰作业而设计的机型，比起英国以改装的陆基型"吸血鬼"战机进行的试验更具实际意义。

喷气式飞机投入航空母舰服役

随着美国海军在1947年将麦克唐纳的公司代码从D改为H，FD"幽灵"式战机的编号也被改为FH。在首次航空母舰起降试验过后，1947年7月23日，麦克唐纳将首批16架FH-1量产机交付VF-17A中队。VF-17A中队则在1948年5月5日，在"塞班岛"号航空母舰（USS Saipan CVL 48）上完成了航空母舰操作认证（CQ），成为世界上第1个获得航空母舰操作认证的喷气式飞机作战单位。

继FH-1"幽灵"式战机后，北美XJ的原型机XFJ-1也在1946年9月11日首飞，很快就在1年后的1947年10月开始交付30架FJ-1量产机，并在稍后的1948年3月10日，由VF-5A中队在"拳师"号航空母舰上（USS Boxer CV 21）完成了首次由正

左图：麦克唐纳FH-1"幽灵"式战机的飞行性能平庸，不过却是美国海军第一代喷气战机中起降性能最好的，并率先获得了航空母舰操作认证。另2款机型——北美的FJ-1"狂怒"战机航空母舰操作认证失败，沃特F6U"海盗"式战机甚至还未进行航空母舰起降测试就取消计划。（美国海军图片）

规作战单位所执行的喷气式飞机航空母舰起降作业[1]。当天在VF-5A中队指挥官奥兰德（Pete Aurand）中校与执行官艾尔德（Robert Elder）少校的驾驶下，2架FJ-1"狂怒"战机先后降落在"拳师"号航空母舰上，随后分别采用自力滑行与利用舰上H4B弹射器2种方式依序起飞，盘旋一圈后降落，然后再由弹射器协助进行第2次起飞。其中自力滑行起飞由奥兰德中校所进行，他在第1次着舰后，决定尝试一次不使用弹射器的滑行起飞，不过由于飞机加速过慢，他在差点落到海面之前才勉强拉起战机升空。

　　FJ-1"狂怒"战机的生产数量很少，也不像FH-1"幽灵"式战机般享有"第1种专业舰载喷气式飞机"的荣誉。唯一装备

[1] 英国皇家海军在1945年12月完成的史上首次喷气式飞机航空母舰起降试验，是一次由专业试飞员进行的纯粹试验性活动；而美国海军在1946年7月完成的首次航空母舰起降试验，由试飞单位以XFD-1试验用原型机执行。因此世界上第1个由正规作战单位，以符合作战状态的量产型喷气式飞机所执行的首次航空母舰起降，是VF-5A中队以FJ-1"狂怒"战机在1948年3月进行的这次作业。另外在VF-5A中队之前，FJ-1"狂怒"战机已在1947年间由试验单位进行过初步的航空母舰起降试验，详细日期已不可考。

右图：北美FJ的发展稍晚于麦克唐纳FH，不过配备FJ-1"狂怒"战机的VF-5A中队，1948年3月10日于"拳师"号航空母舰上完成首次正规作战单位所进行的喷气式飞机航空母舰起降作业。图片为当天VF-5A中队所属FJ-1"狂怒"战机在"拳师"号航空母舰上准备起飞的情形。（美国海军图片）

FJ-1"狂怒"战机的VF-5A中队（后来代号改为VF-51），在1948年8月于"普林斯顿"号航空母舰（USS Princeton CV 37）上进行的航空母舰操作认证以失败告终。受发动机寿命过短、故障频繁与起落架问题影响，FJ-1"狂怒"战机在认证测试过程中事故连连，最后认证程序被"普林斯顿"号航空母舰的舰长下令中止。由于航空母舰操作认证失败，导致FJ-1"狂怒"战机未能获准执行实际的航空母舰实战部署任务。VF-51中队不久后就换装新发展的F9F"豹"式（Panther）战机，剩余的FJ-1"狂怒"战机都移交给预备役单位当作训练机使用。尽管FJ-1"狂怒"战机未能进入实战部署，不过这款机型却是日后F-86"佩刀"（Sabre）战机与FJ-2/3/4系列的前身，在航空史上仍占有一席之地。

至于负责开发F6U"海盗"式战机的沃特公司，于1946年10月2日完成了XF6U-1原型机的首飞（只比北美XFJ-1的首飞晚了3周）。相较于同时期发展的F2H"女妖"战机与FJ-1"狂怒"战机2款机型，F2H"女妖"战机以2具J34发动机（每具推力3000~3250磅）为动力来源，FJ-1"狂怒"战机则采用1

具推力较大的J35发动机（4000磅推力），但F6U"海盗"式战机却只配备1具J34发动机，因此它存在明显的功率不足问题。F6U"海盗"式战机的机体重量与FJ-1"狂怒"战机相近，发动机功率却少了1/3。试飞结果也显示F6U"海盗"式战机的性能欠佳。沃特提出的改进方法是为发动机配备后燃器。

首飞过后1年多，1架改装了西屋J34-WE-30发动机的XF6U-1原型机于1948年3月5日展开试飞，成为美国海军第1种配有附后燃器喷气发动机的舰载喷气式飞机，其最大推力比前2架原型机搭载的J34-WE-22高出36.6%（4100磅对3000磅）。

通过后燃器的帮助，F6U"海盗"式的航速较北美FJ"狂怒"式或麦克唐纳FH"幽灵"式都更快，爬升性能也不错，但后燃器的运作并不稳定，经常无法启动，加上在操纵稳定性方面也始终问题不断，因此发展进度远远落后于同时启动开发工作的FH-1"幽灵"式战机与FJ-1"狂怒"战机。当第1架F6U-1量产机在1949年6月开始试飞时，连较晚开发、技术更新颖的F2H"女妖"战机与F9F"豹"式战机等机型都已经开始量产服役。

右图：美国海军于二战末期开始发展的几种第一代喷气战机中，沃特公司的F6U"海盗"式战机是唯一未能进入服役的战机（虽然其他几种机型的服役数量也都不多），且累积只有945小时的飞行时数。（美国海军图片）

截止到1949年10月，沃特仅向海军交付了2架F6U-1量产机，后来情况稍有改善，沃特赶在1950年2月完成全部30架量产机的交付，大部分都交付给VX-3测试中队，另有1架被改装为F6U-1P照相侦察机。但美国海军仍在1950年10月决定不将F6U"海盗"式战机投入一线部队服役，在完成了3架原型机与30架量产机后便中止发展，也未进行过任何航空母舰起降测试，全部33架机体累积只有945小时的飞行时数，多数F6U量产机都只有10小时飞行时数，也就是进行完验收试飞后，便直接飞到封存地点。

比起前面几款机型，接下来问世的麦克唐纳XF2D-1地位更为重要。如前所述，XF2D-1是XFD-1（FH-1）的放大改良型，凭借着推力高出1倍的J34发动机，XF2D-1得以拥有更大的机体，内载燃油量足足增加了40%，搭配翼展更长、面积更大、且更薄的主翼，不仅起飞总重与航程较XFD-1增加了80%，航速也快了将近100英里/时，爬升率亦大幅提高。

由于有着XFD-1奠定的基础，XF2D-1的开发进度相当迅速，首架原型机于1947年1月11日完成试飞，海军对试飞结果十分满意——原型机在首次试飞中就达到惊人的每分钟9000英尺爬升率，是XFD-1和当时海军主力拦截机F8F"熊猫"战机的2倍，于是美国海军很快就在同年5月订购了56架量产机。随着麦克唐纳公司代号的更动，XF2D-1的量产型代号被变更为F2H-1，并于1948年8月开始交机，只比FH-1"幽灵"式战机首架量产机的交机时间慢了1年（原型机首飞时间比FH-1"幽灵"式战机慢了2年，但量产机交机时间却只慢1年，可见F2H"女妖"战机的开发与生产多么迅速）。

F2H-1"女妖"战机的产量虽然不多，但接下来前机身被延长、内载燃油量增加66%、发动机推力也提高10%的改良型F2H-2，订单便达到308架，还衍生出战斗轰炸机型F2H-2B（25架）、配备雷达的单座夜间战斗机型F2H-2N（14架）与携带照相机的侦察型F2H-2P（89架），总产量超过400架，是美国海军第一种大量部署的舰载喷气式飞机。相较下，先前FH-1"幽灵"式战机与FJ-1"狂怒"战机的产量分别只有60架与30架。加上后来陆续推出的F2H-3与F2H-4系列，整个F2H"女妖"战机家族的总产量达到895架，构成了美国海军第1代舰载喷气式飞机的骨干力量。

陆基型喷气式飞机的航空母舰运用测试

除了专门发展的舰载喷气式飞机外，美国海军也曾引进原

左图：美国海军3种第1代舰载喷气式飞机合影，由前而后依序为沃特F6U-1"海盗"式战机、麦克唐纳F2H"女妖"战机与FH-1"幽灵"式战机。除F6U-1"海盗"式战机外，后2款都实际进入服役。从图片可看到F6U-1"海盗"式战机为解决稳定性不佳问题而在水平尾翼两端附加的垂直稳定片。（美国海军图片）

为陆军航空军发展的陆基喷气式飞机并且进行了航空母舰起降试验。

虽然美国海军已于1943年8月与麦克唐纳公司签订XFD-1的研制合约，不过为了平息部分海军官员对于麦克唐纳缺乏开发经验的质疑，海军航空局也同时评估了其他喷气式飞机机型以作为XFD-1的备案。海军航空局在1945年初订购了2架洛克希德（Lockheed）的P-80A"流星"（Shooting Star）战机，从同年6月起在帕图森河海军航空站（Naval Air Station Patuxent River）展开了一系列测试。

经过1年多的试飞以及与当时海军主力战机F8F的模拟空战测试后，美国海军在1946年10月31日将其中1架改装过的P-80A"流星"战机（加装尾钩与弹射滑车连接器）吊运到"富兰克林·罗斯福"号航空母舰上，11月1日，通过35节甲板风（Wind Over the Deck, WOD）的帮助，这架P-80A"流星"战机在陆战队飞行员马里恩·卡尔（Marion Carl）少校的驾驶下，以轻量构型成功在"富兰克林·罗斯福"号上完成了4次滑

下图：F2H"女妖"战机是以FH-1"幽灵"式战机为基础放大、换装更强力发动机的发展型战机，也是美国海军最重要的第1代舰载喷气式战机。图片为XF2D-1原型机（F2H，前方）与XFD-1原型机（FH-1，后方），可见两者的气动力构型大致一致，但XF2D-1尺寸更大，机头流线也更尖锐。（美国海军图片）

行起飞、2次弹射起飞，以及数次拦阻着舰[1]。10天后的11月11日，马里恩·卡尔又驾着同1架P-80A"流星"在"富兰克林·罗斯福"号航空母舰上完成了第2轮的航空母舰起降试验。

在实际展开航空母舰起降试验之前，洛克希德便已向海军提议开发舰载型P-80B。由于P-80"流星"战机的最大速度要比FD-1"幽灵"式战机快了100英里/时以上，因此这个提案具有一定程度的吸引力。部分不满海军航空局联系上麦克唐纳开发FD-1"幽灵"式战机的海军官员，便希望终止FD-1计划，购买技术更成熟、航速也更快的P-80B"流星"战机作为替代。但海军当局考虑到此时海军航空局手上已经有超过6个舰载喷气战机开发方案正在进行，且实测结果也显示，

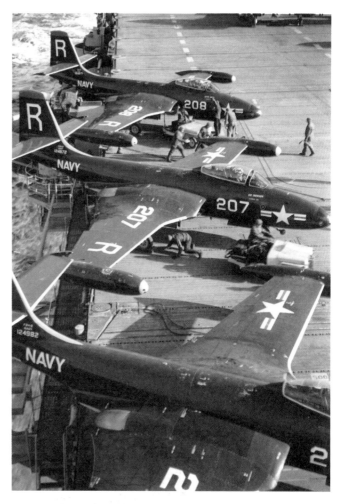

上图：麦克唐纳F2H"女妖"战机是美国海军第1种大量部署的舰载喷气式飞机，如图片中停放在"埃塞克斯"号航空母舰（USS Essex CV 9）上的F2H-2"女妖"战机。产量便达到406架，整个F2H家族的产量则高达895架，是美国海军第1代舰载喷气式飞机的主力。（美国海军图片）

---

[1] P-80A"流星"战机这次航空母舰起降测试，只比由XFD-1进行的美国海军首次喷气式飞机航空母舰起降测试晚3个多月。由于P-80"流星"是种技术更成熟的机型——原型机XP-80早在1944年1月便首飞成功，比XFD-1早了1年，量产型P-80A"流星"战机则在1945年2月服役，此时XFD-1才刚首飞——因此有传言指出，原本P-80A"流星"战机应可抢在XFD-1之前率先进行航空母舰起降测试，不过为了让"真正的海军喷气式飞机"获得首先完成航空母舰起降测试的荣誉，海军的P-80A"流星"战机测试团队刻意等到XFD-1完成航空母舰起降试验后，才进行自己的航空母舰测试。

P-80"流星"战机的航空母舰起降性能并不理想：自力滑跑起飞距离超过FD-1/FH-1"幽灵"式战机2倍以上，即使采用弹射起飞，对起飞重量也有较大限制。洛克希德的提案最后未被接受，美国海军仍倾向于采购一开始便专为航空母舰操作而研发、起降性能更好的FD-1/FH-1"幽灵"式战机。

不过到了1948年初，局面又有所改变，随着喷气式飞机的发展日益成熟，美国海军与陆战队都认识到必须尽快让飞行员们熟悉喷气式飞机的操作，但海军第一代喷气战机如FH-1"幽灵"式战机、FJ-1"狂怒"战机的产量都很少，继这些机型之后开发的麦克唐纳F2H"女妖"战机与格鲁曼F9F"豹"式战机，此时仍处于试飞阶段，为尽快获得可用的喷气式飞机，海军便从空军的库存中取得了50架P-80C"流星"战机（美国陆军航空军已于1947年独立为空军），赋予TO-1的编号，分别交给海军与陆战队训练单位使用，接下来又从1949年起陆续向洛克希德购买了多达698架P-80"流星"战机的双座衍生型T-33，赋予TO-2的编号作为双座教练机使用。

尽管采购了大量TO-1与TO-2，但美国海军只将这2种机

右图：除了专为海军设计的机型外，美国海军还评估过原为陆军航空军开发的洛克希德P-80"流星"战机在航空母舰上操作的可行性，并在1946年11月1日由陆战队飞行员马里恩·卡尔少校成功完成P-80A"流星"战机的航空母舰起降试验。最后美国海军并没有将P-80A"流星"战机配备到航空母舰上，只买了少量P-80C"流星"战机与近700架T-33用于训练。（美国海军图片）

型用于陆基训练，并未部署于航空母舰上或配合航空母舰进行
起降训练（美国海军后来在1950年将TO–1与TO–2的编号改为
TV–1与TV–2）[1]。

从领先到落后的英国皇家海军

在英国皇家海军方面，虽然它抢先美国海军一步完成了
史上首次喷气式飞机航空母舰起降试验，但却没有像美国海
军般独立启动舰载喷气式飞机的开发。皇家海军的第一代实
用型喷气战机，几乎都是由原为皇家空军设计的陆基操作机
型衍生发展而来。

英国皇家海军第1种投入服役的喷气战机是超级马林

上图：为了尽快让飞行员们熟
悉喷气式飞机的操作，美国
海军与陆战队曾在1948—1949
年间引进P–80C "流星"
战机与P–80的双座教练型
T–33，分别赋予TO–1与TO–2
的编号，供训练使用，但这
批喷气式飞机只被用于陆基
训练，并未部署于航空母舰
上，或配合航空母舰进行起
降训练。（美国海军图片）

[1] 虽然T–33/TV–2没有被用于航空母舰起降训练任务，但以这款机型为基础，洛
克希德自费开发了第一种专为航空母舰起降操作而设计的喷气教练机L–245，
被海军接受后，命名为T2V "海星"（Sea Star），于1957年开始服役，并一直
作为标准舰载喷气教练机使用到20世纪70年代。

上图：超级马林公司的"攻击者"是英国皇家海军第一种投入服役的喷气战机，图片为NAS 800中队所属的3架"攻击者"，NAS 800也是英国第一支装备喷气式飞机的第一线舰载战机中队。（知书房档案）

（Super-marine）公司的"攻击者"（Attacker）战机。"攻击者"原先是针对皇家空军1944年E.10实验喷气战机计划需求设计的机型，沿用了超级马林公司稍早发展的"怨恨"式（Spiteful）活塞螺旋桨动力战机的层流翼设计。后来皇家海军也加入开发计划，试图发展海军型。

皇家海军与皇家空军共同在1944年8月订购了3架"攻击者"原型机（其中2号机与3号机归属海军），后来又在1945年7月订购了24架预量产机（海军有18架）。但由于"怨恨"式战机在试飞中遭遇了操纵性问题，因此也拖累到"攻击者"战机的发展，24架预量产机的订单遭到搁置，而首架"攻击者"原型机则一直拖到1946年7月才完成首飞。

考虑到"攻击者"的性能较"流星""吸血鬼"等现役喷气式飞机并无显著提高，皇家空军最后拒绝采购（"攻击者"战机的前身——"怨恨"式战机，同样也被皇家空军放弃，未获实际采用）。但皇家海军仍继续支持超级马林公司发展"攻

击者"战机的海军型，并在1947年6月17日进行了海军型原型机的首飞，很快又在同年10月于"光辉"号航空母舰（HMS Illustrious）上展开了舰载飞行试验。

由于"攻击者"战机仍旧采用螺旋桨飞机常用的后三点式起落架，降落航空母舰时不像多数喷气式飞机采用的前三点式起落架那样方便，还存在发动机尾焰较容易伤害飞行甲板的问题，试飞过程并不十分顺利。一直到原型机首飞将近4年后的1951年8月，海军版"攻击者"的首批量产型"攻击者"F.1战机才跟着NAS 800中队一同在"老鹰"号航空母舰（HMS Eagle）上服役，成为皇家海军首支配备喷气战机的实战单位，比美国海军FH-1"幽灵"式战机的成军服役时间晚了足足3年多。因此，率先完成喷气式飞机航空母舰作业试验的英国皇家海军，最后在实用型舰载喷气式飞机的服役时间方面，反而落后于美国海军许多。

第1种被用于航空母舰起降实验的喷气式飞机是德·哈维兰"吸血鬼"，皇家海军后来也引进了海军化的版本，称作"海吸血鬼"（Sea Vampire）战机，不过量产型"海吸血鬼"F.20战机直到1948年10月才开始试飞，而且只生产了18

右二图：原先被认为不适合航空母舰作业的"流星"战机，后来情况也有所改观。皇家海军接收了2架修改过的"流星"F.3战机，在试飞员艾瑞克·布朗少校的驾驶下，于1948年6月8日成功在"怨仇"号航空母舰上完成起降测试，这也是英国最早的双发动机喷气式飞机航空母舰起降试验。（知书房档案）

架，其中大多用于试验与训练，并未投入第一线服役[1]。

　　另外原先被认为不适合航空母舰作业的"流星"战机，后来的情况也有所改观。皇家海军接收了2架修改过的"流星"F.3战机（去除了一切不必要的装备，换上了强化的起落架、增设捕捉钩），并于1948年6月8日，在试飞员艾瑞克·布朗少校的驾驶下成功在"怨仇"号航空母舰（HMS Implacable）上完成起降测试，这也是英国最早的双发动机喷气式飞机航空母舰起降试验。随后皇家海军又以这2架"流星"F.3战机在"怨仇"号与"光辉"号航空母舰上进行了一系列起降测试（部分资料记载为32次），证明了"流星"战机的

---

[1]　皇家海军后来在20世纪50年代中期采购了73架双座的"海吸血鬼"T.22战机，并长期作为标准高级教练机使用。

航空母舰作业能力[1]。

势不可挡的喷气化潮流

　　在第1代舰载喷气式飞机陆续开始试飞
的同时，英、美两国海军又展开了新1代舰
载喷气式飞机的开发。

　　在二战结束前夕的1945年6月，美国
海军发出一份新型日间喷气战机的需求，
要求这种新机型需具备时速600英里（时速
966千米）、升限4万英尺（1.219万米）的
空前性能。一共有6家厂商提出12个设计
方案参与这项计划的竞标，由于海军提出
的最高速度要比第1代喷气式飞机高出70～
100英里/时；为达到这样高的性能要求，
部分厂商在刚获得的纳粹德国航空技术情
报启发下，提出了采用后掠翼、无尾翼后
掠梯形翼等全新构型设计，其面貌与沿用
活塞螺旋桨飞机直线翼构型的第1代喷气式
飞机大不相同。

　　经审查后，在1946年4月的决选阶段
只剩下沃特V-346A（无水平尾翼后掠梯形翼与双垂直尾翼）、
V-346B（后掠翼与传统尾翼）与道格拉斯D-565（直线翼）等
3个设计方案，最后由沃特V-346A胜出，于1946年6月获得制造

上图：齐聚一堂的4种美国
海军早期喷气式飞机，由前
而后分别为F7U-1"弯刀"
式、F2H-2"女妖"战机、
F9F-2"豹"式与F6U-1"海
盗"式战机。（美国海军
图片）

[1]　"流星"F.3战机采用2具推力2000磅的德文特I涡轮喷气发动机，推力比"流
　　星"F.1战机的W.2B/23C发动机（1700磅推力）高出17.6%，另外还有外形经过
　　改进、长度被加长的发动机舱与新的气泡座舱罩，起降与飞行速度等性能均有
　　显著改善。部分资料记载皇家海军接收的这2架"流星"F.3战机（序号EE337与
　　EE387），含有部分等同于"流星"F.4战机规格的修改，是一种F.3/F4混合构
　　型。而"流星"F.4战机最大的设计变更，则在于换装全新的德文特V发动机，
　　推力达3500磅，具备远超先前几种"流星"战机的性能。但不清楚皇家海军
　　那2架"流星"F.3/F4战机是否也换装了德文特V发动机。

3架XF7U-1原型机的合约[1]。

在发展第2代日间喷气战机的同时，美国海军也在1945年后期提出发展配有雷达的夜间喷气战机需求，要求配备1套具有125英里侦测距离的机载雷达，且其应具备不低于500英里（805千米）的时速与至少4万英尺的升限。一共有5家厂商投标，最后道格拉斯的D-561设计方案胜出，并于1946年4月签订研制3架XF3D-1原型机的合约，这也是世界上第1种配有雷达的全天候舰载喷气战机。

考虑到美国海军既有的喷气式飞机几乎全都采用西屋发动机——刚签订发展合约的F7U"弯刀"式与F3D"空中骑士"（Skyknight）战机都以西屋的J34发动机为动力来源，先前的FH-1"幽灵"式与F2H"女妖"战机也分别采用西屋的J30与J34，非西屋动力的机型只有FJ-1"狂怒"战机（采用GE的J35）。为了分散风险，美国海军指示格鲁曼将原本采用4具西屋J34发动机的G-75设计方案，改为采用1具普惠J42发动机（J42是英国罗尔斯·罗伊斯授权美国普惠生产的"尼恩"发动机美国版）。最后美国海军接受了格鲁曼修改后的G-79D方案，于1946年10月授予该公司研制XF9F-2的合约（XF9F-1编号用于先前的G-75），这也让二战中垄断海军舰载机市场的格鲁曼与普惠2家公司得以在喷气时代重回海军舰载机市场。

在英国皇家海军方面，继超级马林"攻击者"之后，也引进了新的喷气式飞机。霍克（Hawker）公司从1944年底开始研究喷气式飞机，并以该公司"海狂怒"（Sea Fury）活塞动力舰

---

[1] 1948年9月28日首飞的XF7U-1，是美国海军第1种进行试飞的后掠翼舰载喷气式飞机，不过由于技术问题导致事故连连，3架XF7U-1原型机全部坠毁，14架F7U-1预量产机也损失2架，拖到1951年7月才进行航空母舰适应性测试，但结果却被判定不适合航空母舰操作。一直到经过大幅改进、并换装J46发动机的F7U-3才勉强被海军接受，最后在1954年7月通过航空母舰操作认证，获准投入服役。不过这时候格鲁曼F9F的后掠翼改进型F9F-6"美洲狮"（Cougar）战机，已抢先在1952年底投入服役，抢走了原本应由F7U"弯刀"式（Cutlass）战机获得的"第1种服役的海军后掠翼喷气式飞机"荣誉。

载战机的构型为基础推
出了P.1035设计方案，
后来进一步发展成为
P.1040，希望提供给英
国皇家空军作为高速拦
截机使用。

　　接下来的故事几乎
是超级马林"攻击者"
战机的翻版——皇家空
军对于P.1040设计方案
兴趣欠缺，认为其性能
相对于既有的"流星"
与"吸血鬼"战机并没
有显著进步。于是霍克公司将推销对象转向皇家海军，于1946
年1月向皇家海军提出P.1040的海军化版本P.1046设计方案，
P.1046设计方案与"攻击者"战机同样采用罗尔斯·罗伊斯
"尼恩"发动机。皇家海军对这个设计印象十分深刻，随即订
购了3架原型机，它们最后发展为"海鹰"（SeaHawk）战机。

　　在美国海军之后，英国皇家海军也在1946年开始讨论发展
配有雷达的夜间舰载喷气战机需求，第二年1月，皇家空军也在
F.44/46方案中提出类似的夜间喷气战斗机需求，最后有格洛斯
特GA.5与德·哈维兰DH.110两个设计方案参与这场海、空军双
重需求竞标。

　　如同美国的新1代喷气式飞机，这2个设计方案也都采用
了全新构型，格洛斯特采用了无尾翼三角翼设计，德·哈维
兰则以该公司传统的双尾衍设计搭配新的后掠翼，再搭配新
研发的罗尔斯·罗伊斯埃文（Avon）或阿姆斯特朗·西德利
（Armstrong Siddeley）的蓝宝石（Sapphire）等新型轴流式发动
机，可将航速提高到0.9马赫以上（甚至超过音速）。但皇家海
军在1949年决定改用较便宜且能快速交机的机型，选择德·哈

上图：美国海军在1945年6
月发出的第2代舰载喷气战
机标案中，提出了远超过上
一代机型的高性能要求。为
达到海军需求，最后得标的
沃特F7U"弯刀"式战机采
用了无水平尾翼后掠梯形
翼加上双垂直尾翼的崭新设
计，图片为试飞中的XF7U-1
原型机，该机独特的机翼
构型清晰可见。（美国海军
图片）

英、美海军的舰载机"喷气化"进程对照

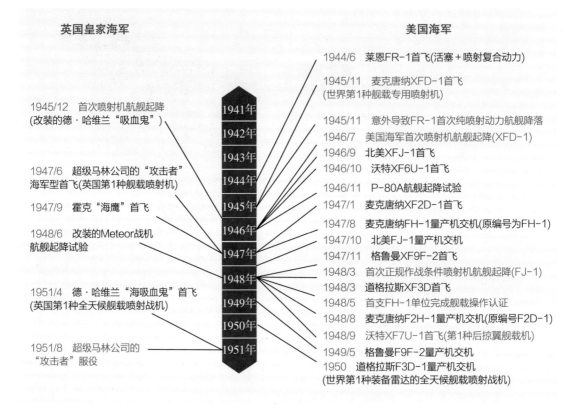

英国皇家海军　　　　　　　　　　　　　　　　　　　美国海军

1944/6　莱恩FR-1首飞(活塞＋喷射复合动力)

1945/11　麦克唐纳XFD-1首飞
(世界第1种舰载专用喷射机)

1945/12　首次喷射机航舰起降
(改装的德·哈维兰"吸血鬼")

1945/11　意外导致FR-1首次纯喷射动力航舰降落

1946/7　美国海军首次喷射机航舰起降(XFD-1)

1946/9　北美XFJ-1首飞

1947/6　超级马林公司的"攻击者"
海军型首飞(英国第1种舰载喷射机)

1946/10　沃特XF6U-1首飞

1946/11　P-80A航舰起降试验

1947/9　霍克"海鹰"首飞

1947/1　麦克唐纳XF2D-1首飞

1947/8　麦克唐纳FH-1量产机交机(原编号为FH-1)

1948/6　改装的Meteor战机
航舰起降试验

1947/10　北美FJ-1量产机交机

1947/11　格鲁曼XF9F-2首飞

1948/3　首次正规作战条件喷射机航舰起降(FJ-1)

1948/3　道格拉斯XF3D首飞

1948/5　首支FH-1单位完成舰载操作认证

1951/4　德·哈维兰"海吸血鬼"首飞
(英国第1种全天候舰载喷射战机)

1948/8　麦克唐纳F2H-1量产机交机(原编号F2D-1)

1948/9　沃特XF7U-1首飞(第1种后掠翼舰载机)

1949/5　格鲁曼F9F-2量产机交机

1951/8　超级马林公司的
"攻击者"服役

1950　道格拉斯F3D-1量产机交机
(世界第1种装备雷达的全天候舰载喷射战机)

年份栏：1941年 1942年 1943年 1944年 1945年 1946年 1947年 1948年 1949年 1950年 1951年

维兰以"吸血鬼"改良而来的"毒液"（Venom）双座型战机来满足夜间作战需求，于是由皇家空军"毒液"NF.2双座夜间战斗机发展而来的"海毒液"（Sea Venom），便成为皇家海军第1种夜间喷气战机[1]。

从二战后期的1943年算起，到二战结束后刚满1年的1946年底，短短3年时间内，美国海军便已启动了7款舰载喷气式飞

---

[1] 至于皇家空军则在漫长的测试评估后，选择了格洛斯特的GA.5设计方案，发展为"标枪"（Javelin）战机。不过皇家海军也再度发挥了"捡拾空军淘汰设计"的传统，于1954年底决定采用德·哈维兰DH.110设计方案，以由DH.110设计方案发展而来的"海雌狐"（Sea Vixen）战机来取代"海毒液"战机的舰队夜间防空拦截角色。

英、美海军早期舰载喷气式飞机发展时程对照

年份	1942	1943	1944	1945	1946	1947	1948	1949	1950
FR-1		△	★	★ ◎		◇			
FH-1		△		☆ ★		◎	◇		
FJ-1			△			☆ ◎ ★			
F6U				△					◎
F2H				△	☆	◎			
F3D					△	☆			
F7U					△		☆		
F9F-2					△	☆		◎	
Attacker				△		☆ ★			
Sea Hawk					△	☆		★	

△ 签订合约；★ 首飞；☆ 航空母舰试验；◎ 交机服役；◇ 退役；◎ 中止发展

机的开发计划，英国皇家海军也发展了3种舰载喷气式飞机，并正在研拟一种夜间战斗机的开发。这些显示海军舰载机的"喷气化"浪潮已经势不可挡。

适应不良的航空母舰与喷气式飞机

随着英、美两国海军陆续展开在航空母舰上操作喷气式飞机的试验，并先后启动舰载用喷气式飞机的开发工作，到了1944—1945年时，趋势已经非常明显——喷气式飞机必将成为未来航空母舰舰载机的主流。

但喷气式飞机的性能特性与先前惯用的活塞动力螺旋桨飞机颇为不同，起降特性更是大异其趣，因此如何妥善应对喷气式飞机在航空母舰上的操作需求，也就成了当务之急。率先回应这个问题的，依旧是英国皇家海军。

1944—1945年间的冬天，英国皇家海军的一个资深军官委员会在探讨日后的舰载机发展时，认为未来大多数的舰载机都将会是喷气式飞机，因此必须设法修改航空母舰设计，使之能适应早期喷气式飞机的特性，包括：

◆ 喷气式飞机的降落速度高于活塞发动机飞机。事实上，为了得到最佳的控制效果，喷气式飞机飞行员必须在发动机动力开启的情况下着舰，而不能像驾驶活塞动力螺旋桨飞机时，可在看到降落

上图：喷气式飞机的进场与降落速度较螺旋桨飞机高出许多，要以尾钩钩住航空母舰甲板拦截索的难度也随之增加，飞行员可用的操纵反应时间，与允许的错误余裕都减少许多，因此喷气式飞机的航空母舰降落作业危险性，也比螺旋桨飞机大幅增加。如图片中正降落到"拳师"号航空母舰上的FJ-1"狂怒"战机，降落速度就比F4U"海盗"、F6F"地狱猫"战机等螺旋桨机型高出近30%。（美国海军图片）

信号官发出"cut"信号后，就关闭发动机。

◆ 喷气式飞机起飞时的加速较活塞动力螺旋桨飞机缓慢，从航空母舰甲板起飞时必须通过弹射器的辅助。

◆ 早期的喷气发动机远比活塞发动机耗油，因此设法延长喷气式飞机的滞空时间也就更为重要，尤其是要让喷气式飞机承担战斗空中巡逻（CAP）等任务时。

喷气式飞机的"航空母舰适应不良症"

简单地说，喷气式飞机在航空母舰操作上的主要问题为不容易降落，起飞性能差，而且发动机耗油。

喷气式飞机的降落性能问题

突破螺旋桨效率的限制、追求更好的速度性能，是战斗机从活塞动力螺旋桨推进转为喷气动力推进的主要目的之一。为了达到这个目的，喷气战机采用了高速取向的空气动力设计。

第1代喷气式飞机虽然与同时期的活塞动力螺旋桨飞机同样为直线翼构型，但都采用了更有利于发挥高速性能的设计，如较高的翼负荷、更薄的主翼等，但这却同时带来了减损起降性能的副作用。高翼负荷与薄主翼的升力相对较低，飞机必须维持较高的速度才能拥有足够的升力，以致第1代喷气式飞机的失速速度明显高出螺旋桨飞机一截，同时造成进场速度（Approach Speed）与降落速度（Landing Speed）普遍比活塞动力飞机高出不少[1]。

二战时期主要的活塞螺旋桨战斗机，降落速度在70～80节之间，某些机型还可将降落速度压低到60多节。相较下，与活塞动力螺旋桨飞机同样采用直线翼的第1代喷气式飞机中，除了起降性能超群的FH-1"幽灵"式战机能将降落速度压低到接近螺旋桨飞机的90节以下外，其余机型的降落速度大多在100节上下，一些机型甚至接近110节。

喷气式飞机较高的进场与降落速度，对于航空母舰降落操作来说是一大致命伤。显然，飞机进场或降落速度愈高，则以尾钩钩住航空母舰甲板拦截索制动停止的难度也更高，第1代喷气式飞机的进场速度与降落速度比起先前的活塞动力舰载机高出25%～40%，飞行员可用的操纵反应时间与允许的错误余裕都大幅减少，对于习惯驾驶活塞动力螺旋桨飞机的飞行员来说，要驾驶喷气式飞机降落在航空母舰上将是一大挑战，对新手飞行员来说更是如此。

而接下来采用后掠翼或三角翼的第2代喷气式飞机，降落速度更是进一步提高，进场速度普遍为110～120节，某些机型

[1] 按现在的民航标准，为了确保安全，飞机进场速度至少应为失速速度的1.3倍以上，降落速度则约为失速速度的1.25倍。不过半个多世纪前的军方标准没这么严苛，有时候设定的进场速度只比失速速度高5节不到。在1953年10月完成"高性能飞机最小进场着陆速度"（The Minimum Landing Approach Speed of High Performance Aircraft）报告之前，美国海军以1.1倍失速速度作为进场速度的基准，而后才提高到1.2倍的失速速度。

右图：螺旋桨飞机的进场
与降落速度远低于喷气式
飞机，如图片中的SBD"无
畏"式（Dauntless）俯冲轰
炸机（上）与TBF"复仇者"
（Avenger）鱼雷轰炸机
（下）这2种二战时期美国
海军主力舰载机，降落速度
分别只有65节与66节，这对
喷气式飞机而言，可以说是
不可思议的低速度。（美国
海军图片）

甚至达到130节，降落速度更是从100节起跳，降落航空母舰的
难度增加。

除了进场与降落速度过高以外，喷气式飞机的航空母舰
降落还面临其他问题。由于早期的喷气发动机油门操作反应很
慢，因此在降落时，飞行员难以适时调节推力来应对各种突发
状况。例如碰到需要紧急拉起或加速的情况时，飞行员即使
立即拉大油门，但发动机却无法即时随油门操作提供更大的
推力。

不过，喷气式飞机也有相对于螺旋桨飞机的优势。多数螺
旋桨飞机都是拉进式的，由位于最前端的螺旋桨"拉"着发动
机与飞机机身前进，螺旋桨与发动机都安装在座舱前方（就单
发动机飞机而言），故座舱位置也相对较为靠后，以致影响飞
行员越过机头的前下方视野；相较下，喷气式飞机的发动机大
多安装于座舱后方（某些早期喷气式飞机将发动机安置于座舱
下方），故座舱可以设置在更靠近机头的位置，飞行员越过机

二战主要螺旋桨战机与第一代舰载喷气式飞机进场或降落速度、失速速度对比

类型	机型		进场或降落速度(节)	失速速度(节)
活塞动力	Spitfire Mk II		58(降落/襟翼放下)	59~67
	零战21型		70~72(进场) 60~64.5(降落)	56~74
	P-38		74(降落)	91
	P-47N		102(降落/襟翼收起) 85(降落/襟翼放下)	85~96
	P-51D		86/100(降落)	78~82[1]
	F4F-3		66(降落)	62~68
	F4U-1		82~87(进场) 80(降落)	61~76
	F6F-3		75~85(降落)	62~79
	F8F-2		80~85(进场) 76~91(降落)	70~96(襟翼收起) 66~92(襟翼放下)
	SBD-1		65(降落)	65
	TBF-1		66(降落)	61
	SB2C		68(降落)	65
	九七舰攻		59.9~63.7(降落)	—
	彗星21型		76(降落)	—
	彩云		65~71(降落)	—

续表

类型	机型	进场或降落速度(节)	失速速度(节)
喷射动力	Me-262	134(进场) 107～121(降落)	86～92 97～108
	Meteor	99～100(降落)	87～91
	P-80	100～(进场) 91～107(降落)	85～95
	F-84D	—	106～127
	FJ-1	105(降落)	105.5
	F2H-2	110(进场) 88～99(降落)	86～115
	F3D	>97(进场)	81～101
	F9F-5	100～110(进场) 94～110(降落)	91～118

（1）不同来源的资料，对同一机型记载的数据略有差异。

（2）进场／降落速度会随着飞机的动力输出状态、襟翼作动状态、机体重量、挂载等条件变化而变化，本表列出的为典型状态下的数值，但不同数值基于操作的条件各不相同，只能作为参考。

（3）失速速度会随着飞机的动力输出状态、襟翼作动状态、机体重量、挂载与起落架是否放下等条件变化而变化，本表列出的数值为不同状态下的最低值与最高值。

头的前下方的视野更佳。

　　另外，喷气式飞机通常采用前三点式起落架，比起绝大多数螺旋桨飞机采用的后三点式起落架，不仅地面滑行时的方向稳定性更好，而且由于降落时采用主轮两点触地，比起通常采用三轮同时触地的后三点式起落架飞机，可让飞行员操纵更为容易，另外发动机排气尾焰较少不会伤及飞行甲板的附带效益。

喷气式飞机的起飞性能不足问题

　　飞机的起飞距离与其加速能力成反比——加速能力愈高，能愈快达到起飞离陆速度，所需要的滑跑距离也愈短，而加速能力又与推重比直接相关。

　　虽然活塞发动机的动力输出性质与喷气式飞机不同，两者不能直接比较——活塞发动机输出的是"功率"（Power），喷气发动机输出的则是"推力"（Thrust），不过在给定飞行速度与螺旋桨效率时，便可将活塞发动机驱动螺旋桨的功率换算为推力，并与相同条件下的喷气发动机相比较。

　　活塞发动机的输出功率与速度无关，无论低速或高速状态下都能产生相同的功率，依照"功率=推力×速度"的关系，可知在功率一定时，推力与速度成反比，螺旋桨发动机在低速下换算可得的推力（拉力）要比高速时更大。

　　虽然螺旋桨的效率随速度提高而增加（低速时的效率较差），但以典型二战后期活塞动力战斗机为基准计算（发动机功率1500～2000马力），可算出在低速滑跑状态时，活塞动力

左图：采用后掠翼的新一代舰载喷气式飞机，虽然拥有比直线翼的第1代喷气式飞机更佳的速度性能，但后掠翼也对起降性能带来更大的减损。如图片中的F7U"弯刀"式战机虽然拥有极大的翼面积（几乎是同时期其他喷气战机的2倍），加上采用很大的降落攻角，试图在降落时尽可能获得更多升力，但降落速度仍为95～112节。（美国海军图片）

高速与起降性能的两难

突破活塞发动机——螺旋桨推进机制所造成的制约，追求更高的速度性能，是战斗机发展在20世纪40年代中期开始转向喷气推进的最主要原因。

第1代喷气战机虽然沿用了与同时期活塞螺旋桨飞机相同的直线翼，但为了提高速度性能，都采用了有利于高速的设计，如较高的翼负荷、更薄的主翼等。翼负荷愈高，代表机翼面积相对较小，有助于减少阻力，以便提高速度与爬升性能；而主翼厚弦比又与阻力系数（C_d）成反比，较薄的主翼同样有利于减少阻力，并能提高临界马赫数，允许更高的速度上限。

二战时期螺旋桨战机的翼负荷在每平方英尺20～55磅之间，主翼厚弦比在12%～19%之间。相较下，第1代喷气式飞机如Me-262"燕子"（Swallow）、"流星"、P-80"流星"、P-84"雷电"（Thunderjet）战机等，翼负荷则多在每平方英尺40～70磅之间，主翼厚弦比约在9%～13%之间。当然也有少数例外，如P-59"空中彗星"战机翼负荷只有每平方英尺28磅，主翼厚弦比14%，而针对舰载作业需求、特别讲求低速性能的FH-1"幽灵"式战机翼负荷也只有每平方英尺36.4磅，不过P-59"空中彗星"战机的速度性能在第1代喷气式飞机中最低，FH-1"幽灵"式战机的航速性能也不出色。比起同时期的螺旋桨战斗机，第1代喷气式飞机的翼负荷普遍更高，厚弦比则较低，明显是更倾向高速性能的设计。

然而，前述高速化取向的设计却又有减损起降性能的副作用。在飞行攻角、气流速度等其他条件都不变时，升力与翼面积成正比；而就厚弦比为5%～15%的中厚厚弦比机翼来说，厚弦比愈大，升力与升力系数也愈大。因此在其他条件大致相同时，机翼面积相对较小、机翼厚度较薄的飞机，必须提高速度或增加攻角，才能在起降时提供足够的升力。考虑到必要的前下方视野，舰载机起降时允许的攻角有上限，所以相对于螺旋桨飞机来说，翼负荷较高、机翼也较薄的喷气式飞机，必以更高的速度飞行才能确保足够的升力，从而维持控制性。

相对于厚弦比方面的差异，更直接的影响来自翼负荷。一般来说，可直接以翼负荷来判断起降性能，随着翼负荷增加，失速速度也会以平方根比例增加，进而影响到起降性能，起降性能与翼负荷的基本关系如下。

◆ 离陆距离与（翼负荷×马力荷重）成正比，也就是离陆距离正比于（翼负荷÷推重比）。

◆ 着陆距离正比于翼负荷。

所以在其他条件相等时，若翼负荷提高，则起飞滑跑与降落着陆所需距离都会跟着增加，如表所示，翼负荷愈低的飞机，降落速度与失速速度通常也较低。不过，这个问题可通过翼型设计与高升力装置的设计来减缓，举例来说，F9F"豹"式的翼负荷略高于P-80A"流星"战机，但通过主翼前缘翼根处的曲折构型与后缘襟翼设计，某些情况下可将其降落速度压低到比P-80A"流

几种战机的翼负荷、降落速度与失速速度对比

机型		翼负荷(lb/平方英尺)	降落速度(节)	失速速度(节)
零战21型		22	60~64.5	56~74
F6F-3		37.3	75~85	62~79
P-47N		54.6	85~102	85~96
P-80		49.2~63.5	91~107	85~95
F9F-5		65.5~71	94~110	91~118

星"战机还低，轻载时甚至可降到94节。

后掠翼喷气式飞机的起降性能问题

对于采用后掠翼、三角翼的新一代舰载喷气式飞机来说，前述起降问题又会更进一步恶化。

机翼前缘的后掠虽可延缓穿音速时因空气压缩性导致的震波阻力出现并减少震波阻力，有助于提高飞行速度上限（也就是延后发生震波失速的速度上限）。但相对于直线翼，展弦比相对较低的后掠翼或三角翼构型，升力系数对攻角的斜率相对较低，也就是说，后掠翼或三角翼飞机必须采用更高的攻角，才能得到相同的升力，而且最大升力系数也较小。雪上加霜的是，襟翼等高升力装置的增升效果，又会随着机翼前缘后掠角的增加而降低。相同的襟翼装置，在45°后掠角主翼下的最大升力系数，只有平直翼下的一半（见图）。

两相作用下，后掠翼喷气式飞机的进场与降落速度进一步升高。举例来说，北美公司从F-86E"佩刀"战机发展出来的舰载型

FJ-2，采用与F-86"佩刀"战机相同的35°后掠角主翼，与F-86/FJ家族的前身——采用直线翼的FJ-1相比，FJ-2"狂怒"战机的重量略重，主翼面积也增加了30.3%，因此整体翼负荷仍较低，又配有全展长前缘襟翼与后缘开槽式襟翼（slotted flap），但其失速速度仍比FJ-1"狂怒"战机高了近10节（115节对105.5节），进场与降落速度较前一代的直线翼喷气式飞机高出许多。

为解决高速性能与起降性能之间的矛盾，让采用后掠翼的高性能喷气式飞机也能拥有可接受的起降性能，后来陆续出现了试图结合直线翼与后掠翼特点的可变后掠翼，以及采用试图提高后掠翼升力系数的边界层控制（BLC）襟翼吹气，或是梯形主翼搭配前缘翼根延伸面（LERX）混合翼型等新技术，借以改善后掠翼高速飞机的起降性能。

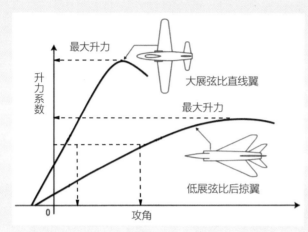

不同主翼平面形状的升力斜率
可以看出，大后掠角、低展弦比的主翼升力斜率较为平缓，要得到与大展弦比直线翼相同的升力，必须采用高出许多的攻角。（知书房档案）

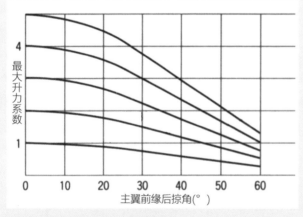

不同主翼后掠角下的高升力装置效率
可以看出，高升力装置的最大升力系数（CLmax），随着主翼前缘后掠角的增加而降低，在45°后掠角时的升力系数只剩平直翼下的一半。（知书房档案）

二战主要螺旋桨舰载机与第1代舰载喷气式飞机起飞滑跑距离与起飞速度对比

类型	机型		起飞滑跑距离(英尺)[1]	起飞速度(节)
活塞动力	零战21型		262*	70
	九七舰攻		328*	—
	彗星21型		278*	—
	彩云		406*(9800磅) 597*(11585磅)	—
	F4F-3		171(6260磅) 252(6895磅) 295(7432磅)	60(7369磅) [3] 63.4(7370磅) [3]
	F4U-3		217(11142磅) 318(12656磅)	75.2
	F6F-3		335(12243磅) 327(12225磅)	74.7(12243磅) 74.3(12225磅)
	F8F-2		288(11428磅) 417(12837磅) 149(9215磅) [2] 257(10278磅) [2]	77～83
喷射动力	F2H-2		1020(17742磅) 1480(20612磅)	>95
	F3D		1270(24614磅) 1530(26731磅)	101～106
	F9F-5		1435(17766磅) 1562(18721磅)	>100

（1）除特别注明以外，均以迎头25节风速为准，括弧内数字为该状态下的起飞重量。

（2）以迎头30节风速为准。

（3）为F4F-4"野猫"战机的数值。

＊日本军机的数据均以23.3节（12米／秒）甲板风为基准。

上图：活塞动力螺旋桨舰载机的起飞性能十分优秀，多数情况下都可在航空母舰甲板上自行滑跑起飞，无须依靠弹射器的帮助。图片中这架准备通过"胡蜂"号航空母舰（USS Wasp CV 18）前甲板弹射器弹射的F6F-3"地狱猫"战机，是比较少见的情况。（美国海军图片）

螺旋桨换算所得的推力要比早期喷气发动机大得多。因此在机体重量相当时，螺旋桨活塞动力飞机在低速时的推重比要比同时期的喷气式飞机高出许多，低速加速性明显更为优异。

另外，高速取向的气动力设计导致喷气战机的失速速度要比螺旋桨战机高出许多，连带造成喷气战机离陆起飞所需的速度普遍较二战后期的螺旋桨战机高出25%以上[1]。

在典型任务重量下，多数螺旋桨战机只要加速到60～70节速度就能起飞离陆，但第1代喷气式飞机的离陆速度需求却达到了100节，而更晚推出、采用后掠翼等新设计的第2代舰载喷气式飞机，甚至需要高达120节的起飞速度（如F7U-1"弯刀"式战机）。

较差的低速加速性加上较高的起飞离陆速度要求，导致喷气式飞机需要的起飞滑跑距离长了许多。对于甲板长度有限的航空母舰来说，喷气式飞机起飞距离过长的问题，显然是航空母舰作业上的致命伤。

---

[1] 按现在的民航标准规定，最小起飞离陆速度应为失速速度的1.1倍以上，不过半个多世纪前的军方标准没现在这样严格，离陆速度可为失速速度的1.05倍，某些情况下还允许以只比失速速度高一点点的速度起飞。

通过25节甲板合成风力的帮助，二战时期的螺旋桨舰载战斗机在标准战斗重量下，只需200～300英尺的滑跑距离就能起飞离陆，重承载时也只需要400多英尺，许多机型在轻载时的起飞距离甚至不到200英尺。因此在多数情况下，螺旋桨舰载机都无须依靠外力而可自行从航空母舰甲板上滑跑起飞，只有在特定情境（如夜间，或不便调整航空母舰速度、航向，以便获得足够甲板风的场合），或在甲板狭小、航速缓慢的护航航空母舰上作业时，才有使用弹射器的需求。

相对地，在第1代喷气式飞机中，即使是起飞性能最好的FH-1"幽灵"式战机，在轻载且有25～30节甲板风帮助的理想条件下，起飞滑跑距离仍达到400～500英尺，同时期其他喷气式飞机在类似条件下的起飞滑跑距离则为900～1000英尺（如果是无风状态，需要的滑跑距离更是超过2000英尺）。换言之，若无外力的帮助（如助推火箭或弹射器，加上足够的甲板风），多数喷气式飞机都不可能从航空母舰甲板上自力滑跑

下图：对采用后掠翼的新一代喷气战机来说，由于对起飞速度的要求更高，若不借助弹射器提供的外力帮助，根本不可能从航空母舰甲板上起飞。图片为正准备从"汉考克"号航空母舰（USS Hancock CVA 19）上弹射起飞的F7U-3。（美国海军图片）

起飞。

当初美国海军在"富兰克林·罗斯福"号航空母舰上测试P-80A"流星"战机时，就发现即使有35节甲板风协助，轻载的P-80A"流星"战机还是需要900英尺长的滑跑距离才能自力起飞，然而"富兰克林·罗斯福"号航空母舰的飞行甲板全长也不过961英尺。在实际的航空母舰起飞作业中，这样长的滑跑距离显然并不具备任何实用性，还是非得依靠弹射器不可。

然而在下一阶段试验中，美国海军却发现：P-80A"流星"战机若是在正常的作战负载情况下，即便使用当时最强力的H4-1液压弹射器，也无法从航空母舰上起飞[1]。而更晚发展的新机型如F2H"女妖"、F9F"豹"式战机等，起飞滑跑距离需求还比P-80A"流星"战机更长。

事实上，在美国海军的第一代舰载喷气式飞机中，也只有最早的FH-1"幽灵"式战机具备实用的航空母舰甲板自力起飞能力，但仍需要足够的甲板风协助（FJ-1"狂怒"战机也有过从航空母舰甲板上自力滑跑起飞的纪录，但作业十分勉强，实用性极为有限）。

第1代喷气发动机油耗过高问题

早期的涡轮喷气发动机操作反应很慢，又十分耗油，以1946年美国海军在"富兰克林·罗斯福"号航空母舰上进行的一系列P-80A"流星"战机测试为例，P-80A"流星"配备的J33发动机要在启动运转2分钟后才能达到最大功率，这将导致每架飞机完成起飞准备需要的时间过长，以致会拉长甲板弹射起飞循环，极大妨碍了飞行甲板运作效率的提高。而且仅仅只是弹射起飞、环绕航空母舰一圈后便立即降落，P-80A"流星"战机就得消耗掉37加仑燃油，相较下，若换成活塞动力的

---

[1] 这也是为什么FD-1"幽灵"式战机的最大飞行速度比P-80"流星"战机慢了100英里/时，但美国海军依旧没有选择以P-80"流星"海军型替代FD-1"幽灵"式战机的原因之一。

F4U "海盗"战机,在相同操作下仅会消耗6加仑燃油。

至于美国海军第1种专用舰载喷气式飞机FH-1 "幽灵"式战机,耗油情况也十分严重,该机的内载燃油容量,虽然比二战时的3种主力螺旋桨舰载战机F4F "野猫"(Wild Cat)、F4U "海盗"、F6F "地狱猫"(Hellcat),以及最后1种螺旋桨战机F8F "熊猫"分别大了3.4倍、1.6倍、1.5倍与2倍(375加仑对110加仑、237加仑、250加仑与185加仑),但航程却只达到后4种机型的65%~80%。接下来的第2款舰载喷气式飞机FJ-1 "狂怒"战机,内载燃油量比FH-1 "幽灵"式战机增加了25%(465加仑),但航程性能仍略逊于前一代的螺旋桨战机。

喷气式飞机起飞准备时间较长但发动机却非常耗油,这将给编队作业带来很大麻烦——待全部飞机依序起飞完成编队后,最早起飞的几架飞机可能已经在滞空等待期间耗去过多燃油,而无法与最后起飞的飞机共同执勤了。

下图:相较于同时期的活塞动力螺旋桨飞机,早期的喷气式飞机低速加速性欠佳,起降性能明显逊于螺旋桨飞机,但又非常耗油,给航空母舰应用造成许多困难。图片为编队并飞的F2H "女妖"与F4U "海盗"战机。(美国海军图片)

喷气式飞机和螺旋桨飞机的起飞能力

这个计算例子出自美国航空航天署科学与技术分部1985年出版的拉福汀（Laurence K. Loftin, Jr.）《追寻极致：现代飞机的演变》（*Quest for Performance : The volution of Modern Aircraft*），笔者将计算中使用的部分数字做了调整，以更贴近实际环境。

假设1架1万磅重的螺旋桨飞机以1具1600马力的活塞发动机驱动，并具备每小时410英里的海平面最大速度。依照"功率＝推力×速度"的关系，计算可得该机在刚开始起飞滑行、约每小时25英里速度时换算得到的推力为7500磅。由于活塞发动机的输出功率与速度无关，在每小时410英里与每小时25英里速度时的输出同样是1600马力，而在功率一定时，推力与速度成反比，因此该机在每小时410英里速度时的推力只有1168磅（计算时所假设的螺旋桨效率为低速时30%、高速时80%）。依据前述计算，该机在每小时25英里低速时的推重比可达0.75，而在高速（每小时410英里）时的推重比为0.12。

同样的计算可套用到喷气式飞机上，假设1架同为1万磅重的喷气

右图：活塞发动机结合螺旋桨推进，拥有强大的低速推进力。可为螺旋桨推进飞机提供良好的起飞性能。在航空母舰上操作时，只要有一定的甲板风辅助，活塞螺旋桨飞机依靠自力滑跑便能起飞升空。图片为正准备从"约克城"号航空母舰（USS Yorktown CV 10）上滑跑起飞的F6F"地狱猫"战机。（知书房档案）

式飞机，动力来源为3200磅推力的涡轮喷气发动机。由于在相同高度时，涡轮喷气发动机在不同速度下的推力大致维持不变，所以这架喷气式飞机在每小时25英里与每小时410英里速度下可获得的发动机推力同为3200磅，在这两个条件下的推重比均为0.32，实际上受进气道设计影响，涡轮喷气发动机在不同速度范围所产生的"安装推力"会略有差异（一般随着速度的增加而减少，不过此处为了简化计算，暂时忽略这个因素）。

假想的螺旋桨飞机和喷气式飞机的推力特性对比

	螺旋桨飞机	喷射机
推力25mph	7500磅	3200磅
推力410mph	1168磅	3200磅
推重比25mph	0.75	0.32
推重比410mph	0.12	0.32

从计算结果可以看出：

（1）喷气式飞机在低速时的推重比，要比同级的螺旋桨飞机低许多，所以喷气式飞机在起飞滑跑时的加速性也较差，起飞距离相对较长。

（2）喷气式飞机在整个速度范围内都能维持恒定推重比的特性，可以在高速领域得到重要优势。假设前述计算中的两种假想飞机，拥有相近的阻力面积（Drag Area），由于喷气式飞机在高速时的推重比较螺旋桨飞机大了不少，可预期其最大速度也会比螺旋桨飞机的410英里／时极速快上许多（实际上，多数第一代喷气式飞机的水平飞行速度都比同时代的螺旋桨飞机至少高出100英里／时）。

关于喷气推进与螺旋桨推进间的差异，我们可从下面这个例子中得到更清楚的说明。下图是假想一个相同的燃气涡轮核心，在分别采用涡轮旋桨（Turboprop）、涡轮扇（Turbofan）与涡轮喷气（Turbojet）等3种发动机构造时的推力-速度特性曲线：

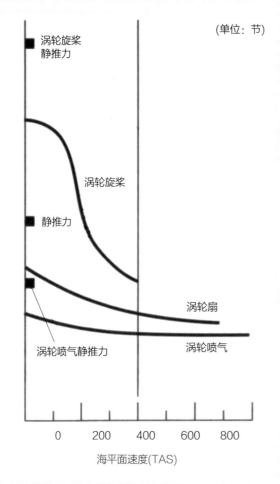

（单位：节）

涡轮旋桨
静推力

涡轮旋桨

静推力

涡轮扇

涡轮喷气静推力

涡轮喷气

0　　200　　400　　600　　800

海平面速度(TAS)

同一燃气涡轮核心采用不同发动机构造时的推力-速度特性。
（NASA）

对页下图：受限于推力不足的涡轮喷气发动机，早期的喷气
式飞机推重比低，起飞滑跑加速慢、需要的滑跑距离相对较
长，唯有依靠弹射器等外力辅助，才能从狭小的航空母舰甲
板上起飞。图片为正准备从"塞班岛"号航空母舰弹射起飞
的FH-1"幽灵"式战机。（美国海军图片）

由图可以看出，3种发动机虽然拥有相同的燃气涡轮核心，但由于推进机制不同，因此推力-速度特性也大异其趣。

利用螺旋桨推进的涡轮旋桨发动机，在低速范围内换算所得的净推力与安装推力，要远远大于喷气推进的涡轮扇与涡轮喷气发动机，所以涡轮螺旋桨推进飞机的起飞离陆性能十分优异，单位推力的耗油率也低。不过推力随着速度的增加迅速降低，海平面速度达到400节时便达到运用速度上限，无法再提高。

涡轮扇发动机通过风扇与旁通道的帮助，低速时可拥有较纯涡轮喷气更大的推力，单位推力燃油消耗率较低，巡航时燃料效率较佳，不过随着速度增加、推力明显降低，海平面速度为600～700节时便达到效率上限，须依靠后燃器帮助才能提供更大推力。

至于纯涡轮喷气的特点，便是从低速到高速范围都保有稳定的推力输出，但燃油效率较差。

由于不同推进方式各有优缺点，所以20世纪40—50年代才出现莱恩FR-1"火球"、康维尔（Convair）XP-81、麦克唐纳XF-88B这类螺旋桨与涡轮喷气复合动力飞机，以试图结合不同推进方式来兼顾高低速性能。

左图：在喷气发动机性能尚不成熟的20世纪40—50年代，曾出现过一类结合了螺旋桨与涡轮喷气的复合动力飞机，以试图结合不同推进方式来兼顾高低速性能，如图片中的康维尔XP-81便是1种典型复合动力机型，机头安装了1具通用电气TG-100涡轮旋桨发动机（后来的T31发动机），机身中段则安装了1具艾利森（Allison）J33-A-5涡轮喷气发动机。（美国海军图片）

右图：典型的直线型甲板航空母舰拦阻设施配置。在直线型甲板航空母舰上，通过拦阻索来让着舰飞机制动停止，加上拦阻网作为备援。但由于降落飞机是沿着飞行甲板中心线滑行，除非净空舰艏甲板，否则拦阻失败的飞机便会一头撞上停放于舰艏甲板的其他舰载机。所以直线型甲板无法容许降落拦阻失败，一旦没有拦阻成功，就没有重来的余地，只能尽可能设置多套拦阻索与拦阻网提高拦阻成功率。以图中的"埃塞克斯"级航空母舰为例，便设置了多达12条拦阻索、5套低拦阻网与1道高阻栅网，但这也造成整个着舰区占用了超过一半的飞行甲板长度，如果再扣掉前端甲板的1部飞机升降区，当进行飞机回收作业时，飞行甲板前端剩余的可用空间十分有限。（美国海军图片）

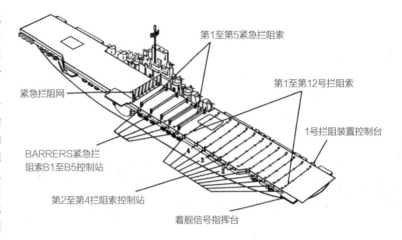

第1至第5紧急拦阻索

第1至第12号拦阻索

1号拦阻装置控制台

紧急拦阻网

BARRERS紧急拦阻索B1至B5控制站

第2至第4拦阻索控制站

着舰信号指挥台

　　另一方面，因为喷气发动机非常耗油，导致喷气式飞机必须携带更多的燃油，才能提供接近螺旋桨飞机的任务半径，这也造成早期喷气战机的机体普遍要比其欲取代的螺旋桨飞机大上一号。最早的FH-1"幽灵"式战机最大起飞重量还可控制在与F4U"海盗"、F6F"地狱猫"战机相当的1.2万磅，后来发展的机型由于配备了更强力但也更耗油的发动机，加上为了追求更长的航程，重量便一路攀升。

　　如FJ-1"狂怒"战机最大起飞重量便超过1.5万磅、F2H"女妖"战机更达到2.3万磅，F9F"豹"式战机也接近2万磅，均已直追二战时期最大型的舰载机SB2C"地狱俯冲者"（Helldiver）俯冲轰炸机与TBF/TBM鱼雷轰炸机（最大起飞重量为1.3万~1.7万磅）。而这样大的起飞重量，也造成弹射的困难——在这些第1代舰载喷气式飞机问世的20世纪40年代末期，美国海军只有3艘"中途岛"级航空母舰配备的H4-1弹射器才能弹射这样重的喷气式飞机，其余弹射器如"埃塞克斯"级航空母舰配备的H4B由于性能不足，除非有理想条件配合（获得30节甚至40节以上的甲板风帮助）才能弹射。

"二战型"航空母舰的"喷气式飞机适应不良症"

相较于活塞动力螺旋桨飞机，喷气式飞机有着降落速度更高、起飞性能较差、滑跑距离需求较长且更为耗油等问题。但二战时期的航空母舰设计，在应对喷气式飞机前述性能特性方面都存在缺陷，无论降落或起飞机制均有所不足，舰上携带的航空燃料数量，也难以支撑喷气式飞机的作战任务需求。接下来探讨的重点将放在降落与起飞机制。

降落辅助机制的不足

在降落方面，当时航空母舰都采用直线型（或称轴向型）飞行甲板，降落的飞机朝着飞行甲板中心线下降，着舰路径将会通过飞行甲板前方，完全依靠设置在飞行甲板

下图：传统直线型甲板航空母舰在进行喷气式飞机起降时存在相当大的安全性隐忧，由于喷气式飞机降落速度快，着舰时未钩到拦阻索、制动失败的概率大增，如果升起拦阻网也无法让飞机停止，着舰的飞机就会直接撞上停放于甲板前端的其他飞机。图为正准备转弯进场、降落到"安堤坦"号航空母舰（USS Antietam CV 36）的1架TBF"复仇者"鱼雷轰炸机，可见到"安堤坦"号航空母舰正在进行的典型直线型甲板飞机回收作业，在甲板中段有1架飞机刚制动停止，正在折叠主翼，甲板前段则有1架刚完成主翼折叠的飞机，准备加入甲板最前端的飞机停放行列。（美国海军图片）

对页图：在直线型甲板航空母舰上，拦阻网是确保甲板安全的最后一道关卡，但拦阻网的使用仍存在风险。①不能确保被拦阻飞机的完好，②不能保证拦阻后的飞机不危及甲板上的其他飞机。如上面图片是1953年1架VF-191中队所属F9F-6"美洲狮"战机在"奥里斯坎尼"号航空母舰上被拦阻网强制停止时，折断了右起落架；下面图片为1955年9月29日降落到堤康德罗加号航空母舰的1架VF-32中队所属F9F-8"美洲狮"战机，这架编号K206号的"美洲狮"战机虽然被拦阻网拦阻，但该机仍拖着拦阻网一直冲到飞行甲板前端，撞上另1架位于弹射区编号K201号的"美洲狮"战机机尾。（美国海军图片）

中、后段的横向制动拦阻索（Arresting Wires）与拦阻网（或称安全栅栏）制停着舰滑跑中的飞机。

一旦着舰降落的飞机没能钩上任何一条拦阻索，就只能依靠拦阻网作为最后一道防护，但通过拦阻网来强制拦阻降落滑行中的飞机，有伤及飞机乘员与飞机结构的风险。如果连拦阻网都无法让飞机制动停止，那么滑行中的飞机就会撞上停放于飞行甲板前端的其他飞机，从而引起爆炸，并造成飞行甲板作业的中止。

理论上，在拦阻索与拦阻网能充分发挥作用，且舰艉着舰区与舰艏停放区之间保留有足够缓冲距离的前提下，直线型飞行甲板可让舰艏的弹射起飞作业，与舰艉的降落着舰作业同时进行。但除了美国海军的"中途岛"级与"埃塞克斯"级航空母舰，或是英国皇家海军的"大胆"级（Audacious Class）航空母舰等拥有较充分的飞行甲板长度外，当时大多数舰队型航空母舰的飞行甲板长度都只有700～750英尺，进行飞机降落回收作业时所需的拦阻与制动缓冲距离，就会占据2/3的飞行甲板长度，再扣掉甲板前端一部舰内飞机升降机占用的空间，飞行甲板前端实际可用面积十分有限，实际上不可能让舰艉的飞机回收作业与舰艏的弹射起飞作业同时进行。

而喷气式飞机无论重量、还是进场与降落速度，都远高于螺旋桨飞机，钩到拦阻索的难度也大为增加。拦阻降落时需要的制动缓冲距离也更长，必须在航空母舰飞行甲板上规划更长的着舰区，以便设置更多的拦阻索与拦阻网，并保留足够的制动缓冲距离，才能确保喷气式飞机安全着舰，但这也会导致拦阻网前端可用的甲板空间极度受限，严重影响飞行甲板的作业效率。

所以，如果不想让喷气时代的航空母舰飞机降落回收作业，回到20世纪20年代那种没有效率的"净空整个飞行甲板"做法，便得改用新的降落回收技术。

上图：图为1架F2H "女妖" 战机正准备降落到 "奥里斯坎尼" 号航空母舰（USS Oriskany CVA 34）上，可见到甲板上的拦阻网已经升起，如果拦阻失败，这架F2H "女妖" 战机便会撞上前端停放的其他飞机。（美国海军图片）

另一方面，舰载机在降落航空母舰时，英、美两国海军传统上都是由飞行甲板上的降落信号官（Landing Signal Officer, LSO）[1]，通过目视来判断着舰飞机的下滑角度是否正确，以手持信号板向飞行员发出指示，协助飞行员调整合适的下滑角度，并在必要时禁止飞行员驾机着舰、命令飞行员拉起重飞。

这套着舰引导机制在螺旋桨飞机时代还可以使用，但进入喷气时代后，由于喷气式飞机进场与降落速度大幅提高，无论降落信号官或飞行员，双方可用的判断与调整反应时间都大幅缩短，也影响了这套传统降落引导机制的效能，进一步增加了喷气式飞机着舰作业的危险性。

因此为了兼顾喷气式飞机的降落作业安全以及甲板作业效率需求，必须发展一种新的航空母舰降落机制，来解决传统直线型航空母舰飞行甲板与降落信号官降落引导机制的不足。

起飞辅助机制的不足

在起飞方面，如前所述，除了FH-1 "幽灵" 式战机与FJ-1 "狂怒" 战机2种最早的舰载喷气式飞机以外，其余较晚发展的舰载喷气式飞机都得依靠外力帮助才能从航空母舰上起飞，理论上助推火箭（Jet-Assisted Take-Off, JATO）与弹射器都可满足这方面的需求。其中助推火箭确实曾被应用在航空母舰舰

[1]　LSO是美国海军的称呼，英国皇家海军则把类似的职称叫作甲板降落管制官（Deck Landing Controller Officer, DLCO）。

载机起飞作业上，但不被当作正规作业方式[1]。考虑到助推火箭储存与作业时的安全性，还有火箭排焰伤害甲板等问题，加上飞行操作方面的问题，助推火箭并不受航空母舰指挥官与飞行员们的欢迎[2]，于是弹射器便成为唯一实用的选择。

而就弹射器而言，二战后期服役的新型

上图：当降落飞机没能钩上任何1条拦阻索时，就只能依靠拦阻网作业，强制让滑行中的飞机停止，以免撞上停放在飞行甲板前端的飞机。但拦阻网的使用存在伤及飞行员与飞机的风险，只能作为不得已时的最后一道防护手段。上图为远东半岛战事时1架降落到"尚普兰湖"号航空母舰（USS Lake Champlain CV 39）上的F9F-2"豹"式战机，由于没钩到拦阻索，最后依靠安全栅网才让它停下来。（美国海军图片）

[1] 美国海军确实曾把助推火箭列为航空母舰飞机起飞的一种辅助方式，但仅作为紧急状况下使用。例如A3D"空中战士"（Skywarrior）与A4D"天鹰"（Skyhawk）攻击机的设计规格中，都具备使用助推火箭从航空母舰上自力滑跑起飞的能力，A3D"空中战士"攻击机配备12具4500磅推力的5KS4500 Mk7 Mod.2助推火箭时，只需600～700英尺的滑跑就能起飞离舰；A4D"天鹰"攻击机则只需使用2具同样的5KS4500 Mk7 Mod.2助推火箭，便能在600英尺的滑跑距离上起飞。但使用助推火箭时，火箭燃烧排焰造成的危险范围几乎涵盖整个航空母舰甲板，以A3D"空中战士"攻击机来说，使用助推火箭时的危险带宽达200英尺以上，比整个航空母舰甲板还要宽，整个甲板都会受到影响，所以美国海军规定只能在陆上基地使用助推火箭，除非是在下达发动核攻击的紧急战争指令（EWO）这种交关国家存亡的场合，且航空母舰无法使用弹射器时，才允许A3D"空中战士"或A4D"天鹰"攻击机在航空母舰上使用助推火箭起飞。

[2] 3个原因造成航空母舰飞行员们不喜欢使用助推火箭：①理论上安装在机身两侧的助推火箭必须同时点火，以便提供平衡的推力，但实际作业中并不能保证两侧的助推火箭总是能同时启动，且产生同样的全推力，一旦舰载机起飞时两侧助推火箭出现不对称推力，便会导致飞机起飞滑跑失控而撞击到甲板上物体甚至是坠入海中。②当飞机使用助推火箭起飞后，依照标准程序，使用过的助推火箭与其安装支架将会从机身上抛离，但抛离作业并不完全可靠，有时只会抛离一边的助推火箭，导致飞机气动力不平衡，增加操纵的困难。③由于助推火箭在飞机起飞后就会被立即抛离机身，因此必须拉开舰载机起飞的间隔，在前一架飞机以助推火箭起飞后，在后方保持一段时间的净空，以免前一架飞机抛离的助推火箭，碰撞到后一架起飞的飞机。

上图：二战时代，航空母舰飞行甲板的降落都是由飞行员出身、拥有丰富经验的降落信号官，通过目视判断与手持信号板，来引导飞行员驾机降落航空母舰，不过这套机制在面对进场／降落速度大幅增加的喷气式飞机时，已无法胜任降落引导要求。（美国海军图片）

液压弹射器如美军的H4系列或英国的BH3，大致还能满足弹射第一代舰载喷气式飞机的需求，但也存在许多限制。

以美国海军第1种大量服役的舰载喷气式飞机F2H-2"女妖"战机为例，按手册记载该机可以使用H4B、H4C与H4-1弹射器弹射。若要让F2H-2"女妖"战机以标准设计任务重量（1.64万磅）起飞，在使用H4B弹射器时得有至少28节甲板风的帮助，使用H4C弹射器时则需要35节甲板风的帮助。若要让F2H-2"女妖"战机以最大起飞重量（2.32万磅）起飞，使用H4B弹射器时需要54节甲板风配合，使用H4C弹射器时需要60节甲板风配合，而这在实际操作中几乎不可能达到。

显然，F2H-2"女妖"战机的弹射作业限制相当大，只有使用当时最强力的液压弹射器H4-1时，操作条件才得以放宽。

F2H-2"女妖"战机在标准设计重量下利用H4-1弹射器弹射时，只需17节甲板风的帮助；若要以最大起飞重量弹射，需要高达35节的甲板风帮助。

问题在于，当时只有3艘"中途岛"级航空母舰才配有H4-1弹射器，作为航空母舰主力的"埃塞克斯"级航空母舰大多配备H4B，而H4C则是美军二战时期最后一级护航航空母舰"科芒斯曼特湾"级（Commencement Bay Class）的配备。由于"科芒斯曼特湾"级航空母舰最大航速仅19～20节，要获得足以让F2H-2"女妖"战机弹射起飞的甲板风，必须要有理想的外在环境配合，操作上相当勉强，因此实际上只有"中途岛"级与"埃塞克斯"级航空母舰具有实用化的喷气式飞机操作能力。

左图：二战时期发展的液压弹射器，在搭配第1代舰载喷气式飞机时的弹射能力已略显不足，为应对新型舰载喷气式飞机作业需求，更强力的新型弹射器便成了二战后英、美海军的发展重点。图片为在"埃塞克斯"号航空母舰甲板前端准备弹射的2架VF-114中队所属F2H-3"女妖"战机。（美国海军图片）

左图：使用助推火箭也是一种帮助飞机缩短起飞距离的方法，但助推火箭燃烧排焰造成的危险区域非常大，要在狭窄的航空母舰甲板上使用助推火箭，会造成损伤甲板，以及危害甲板上人员与其他飞机的问题，美国海军只允许在陆上基地使用助推火箭。图片为使用12具5KS4500 Mk7 Mod.2助推火箭协助起飞的A3D-2"空中战士"攻击机，只需600～700英尺滑跑距离就能起飞，但助推火箭排焰危险范围宽达212.6英尺，比整个航空母舰甲板还要宽。（美国海军图片）

考虑到舰载喷气式飞机重量日渐增加的趋势。第1代舰载喷气式飞机中，较早的FD-1/FH-1"幽灵"式、FJ-1"狂怒""攻击者"与"海吸血鬼"等机型的最大起飞重量都在1.2万磅至1.5万磅之间，稍晚一点问世的F2H"女妖"、F9F"豹"式、F3D"空中骑士""海鹰""海毒液"等机型，为1.6万磅至2.5万磅重，而更晚发展的第2代喷气式飞机，最大起飞重量更达到3万磅甚至4万磅。对于当时英、美两国海军既有的弹射器来说，已经明显难以应付，只能发展更强力的弹射器，来应对喷气式飞机的航空母舰起飞作业需求（20世纪40年代中后期的主要航空母舰用弹射器性能可参见下表）。

二战时期英、美海军航空母舰主要弹射器性能概览

国别	型号	类型	弹射能力*	弹射行程	搭载舰艇
美国	H 2	液压	7000磅/61节[1] 5500磅/56节[2]	55英尺	"约克城"级/"胡蜂"号/早期的护航航舰
	H 2-1	液压	11000磅/61节	73英尺	"独立"级/"塞班"级/"萨拉托加"号/后期的护航航舰
	H 4A	液压	16000磅/74节	72英尺	前期"艾塞克斯"级[3]
	H 4B	液压	18000磅/78节	96英尺	后期"艾塞克斯"级[3]
	H 4C	液压	—[4]	—	"科芒斯曼特湾"级
	H 4-1	液压	28000磅/78节	150英尺	"中途岛"级
英国	HI1	液压	12000磅/66节[5]	—	"皇家方舟"号[6]
	BH3	液压	16000磅/66节 20000磅/56节	—	"百眼巨人"号/"光辉"级/"独角兽"号/"巨像"号

＊弹射重量/弹射末端速度。

（1）飞行甲板用。

（2）机库用。

（3）早期的"埃塞克斯"级航空母舰配有H4A与H4B各1套，后期完工的则改为2套H4B。

（4）H4C是H4A修改型，弹射能力略低，但弹射作业间隔缩短为30秒，较H4A的42.8秒与H4-1的60秒更快，可提供更短的弹射作业循环。

（5）部分资料记载弹射能力为8000磅/56节或10000磅/52节。

（6）部分资料记载"皇家方舟"号航空母舰（HMS Ark Royal）也是配备BH3弹射器。

飞行甲板最后的安全屏障
——航空母舰甲板拦阻网的发展

在航空母舰上要让降落飞机制动停止，是通过飞机尾钩钩住拦阻索，利用拦阻索的液压制动缓冲机构使飞机制动停止，如果飞机未能成功钩住拦阻索，便必须依靠设置于拦阻索后方的拦阻网，来强制拦阻滑行中的飞机，避免降落飞机危及甲板上停放的其他飞机。平时拦阻网放倒以便于甲板作业，待需要时再升起执行拦阻任务。

英、美两国海军使用的拦阻网构造有所不同，美式的拦阻网是2条垂直架高、横跨整个飞行甲板的钢缆，架起的高度约3英尺，通过拉住飞机的主起落架来制动；英式拦阻网则是一面3英尺高的网子，上下缘各是1条钢缆，用于承担主要的制动任务，在钢缆间另设有辅助用的纵向、横向或交叉网线，整个拦阻网可在支柱上调整高度，最低与甲板齐平，最高可升到6英尺，通过拦住飞机的前机身、主翼前缘或起落架来制动。

拦阻网的制动效果大致上相当，不过随着舰载机的发展，传统的拦阻网不再适用。

当美国海军开始在航空母舰上操作F7F"虎猫"（Tigercat）、AJ"野人"（Savage）这类双发动机的舰载机后，发现原本的拦阻网无法用于这类前三点起落架飞机的拦阻作业。对于通常采用后三点式起落架的单发动机螺旋桨飞机来说，螺旋桨位于主起落架前方，当飞机冲撞拦阻索时，螺旋桨会先接触拦阻索，不过由于接触角度很浅，不至于切断拦阻索，另一方面位于机鼻前端的螺旋桨与发动机都可作为承受拦阻网冲击的缓冲与屏蔽，从而保护座舱中的飞行员。

而对于采用前三点起落架的双发动机螺旋桨飞机来说，前起落架

上图：美国式的拦阻网是2条架起高度约3英尺的钢缆，通过拦住飞机的主起落架使飞机制动停止。（美国海军图片）

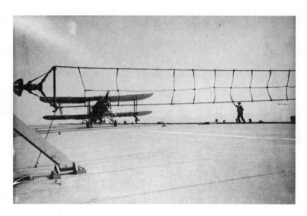

上图：英国式栏阻网构造比较复杂，是一面3英尺高的网子，通过两侧支架可在齐平甲板到6英尺高之间调整高度。（美国海军图片）

会先一步接触拦阻网，并把拦阻网向前拉，如此一来，接下来当机身两侧的螺旋桨碰上拦阻网时，形成的接触角度有可能会导致螺旋桨切断拦阻网。更进一步，双发动机螺旋桨飞机的机头是毫无屏蔽的光滑尖锐造型，被前起落架往前拉的拦阻网还可能会滑过平滑、尖锐的机头，以致拦阻网的钢缆切进座舱罩，严重危及飞行员的安全。

类似问题在喷气式飞机上也存在，喷气式飞机也是采用前三点式起落架，机头同样是毫无屏蔽的平滑尖锐流线造型，使用传统拦阻网拦阻十分危险。

戴维斯式拦阻网

为了解决传统拦阻网不适用于双发动机螺旋桨飞机与喷气式飞机的问题，美国海军后来发展了一种改进的戴维斯式拦阻网（Davis Barrier）。

戴维斯式拦阻网的架设高度可在3~5英尺之间调整，以配合不同飞机的高度，基本组成也是一上一下两条钢缆，由上面那条钢缆来拦住飞机的主起落架，让飞机制动停止。与传统拦阻网的不同之处在于戴维斯式拦阻网在上下两条钢缆之间增设了10多条尼龙制垂直条带，当降落飞机的前起落架接触到戴维斯式拦阻网的上方钢缆时，垂直条带会拉住钢缆，待前起落架滑行越过钢缆后，垂直条带会将上方钢缆往上拉，使钢缆接触并拉住飞机的主起落架，进而让飞机制动停止。

但戴维斯式拦阻网碰到降落滑行速度太慢或太快的飞机时，都会出现问题。

若降落飞机的滑行速度太慢，以过慢的速度接触戴维斯式拦阻网时（例如降落的飞机在最后一刻钩上最后一条拦阻索，大幅减缓了降落滑行速度，但拦阻网的操作员来不及把升起的拦阻网放倒时，就会出现这种飞机以很慢的速度接触拦阻网的情况），飞机前起落架下压

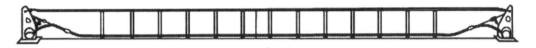

并滑行越过拦阻网后，当飞机主起落架随后通过拦阻网时，拦阻网钢缆可能还没重新拉起，以致无法拦住飞机的主起落架。

若降落飞机的滑行速度太快，当飞机前起落架滑行通过拦阻网后，拦阻网可能会来不及升起到足够高度，以便拉住迅速通过的主起落架，而且飞机滑行速度过高时，机身上的突出附属物件也可能会切断拦阻网的钢缆。

尼龙阻栅网

接连发生几次戴维斯式拦阻网无法拦阻飞机的事故后，拦阻网设计的下一步改进便是阻栅网（Barricades）。

阻栅网看起来就像是高度加高3倍的戴维斯式拦阻网，由上下两条横索与10多条垂直条带组成，但有两个关键不同。

（1）在材质方面，阻栅网由宽的尼龙条带制成，没有使用钢缆。

（2）在拦阻机制方面，阻栅网利用尼龙条带拉住飞机机身与机

上图与下图：为了满足操作前三点式起落架飞机的需求，美国海军在二战后引进基于传统拦阻网改进的戴维斯式拦阻网，在拦阻网的上、下两条钢缆间，增设了尼龙制的垂直条带。上图是戴维斯式拦阻网图解，下图是正准备通过戴维斯式阻栅网拦阻的AJ"野人"轰炸机。（美国海军图片）

本页图：为了克服传统拦阻网或戴维斯式拦阻网均不适用降落速度高的喷气式飞机问题，美国海军最后发展了架高到12英尺、由尼龙条带制成的阻栅网，并一直沿用至今。上图是尼龙阻栅网的图解，下图是1954年拍摄的"中途岛"号航空母舰（USS Midway CVB 41）回收飞机的照片，可见到飞行甲板同时配备了高度较低的戴维斯式拦阻网，与高度较高的阻栅网。（美国海军图片）

翼，来使飞机制动停止。相对地，先前无论是传统拦阻网或戴维斯式拦阻网都是通过拉住飞机的主起落架，来让飞机制动停止。

尼龙阻栅网架起来的高度有12英尺，以降落飞机整个机身为拦阻目标，这样的架设高度可以确保一定能够拉到飞机的机身，即使飞机起落架发生故障时也能发挥拦阻作用。而先前的拦阻网高度只有3～5英尺，是以飞机主起落架为拦阻目标，若降落飞机的主起落架发生故障，必须让拦阻网拉住前机身时，还会产生许多危险，拦阻网的钢缆可能会滑过机头、切进座舱中。

而且比起传统拦阻网或戴维斯式拦阻网将制动应力施加在飞机主起落架上的做法，尼龙阻栅网是通过10多条垂直尼龙条带，将减速制动应力平均分散到飞机的前机身与主翼前缘，这样相对安全许多。而且尼龙条带会滑过机头两侧，不会伤害座舱中的飞行员。

为了确保传统直线型甲板的降落作业安全，美国海军航空母舰直到20世纪50年代中期都是采取戴维斯式拦阻网搭配阻栅网的形式，即由4～6组戴维斯式拦阻网作为主要拦阻措施，再加上一道阻栅网作为最后防护手段。

后来当革命性的斜角甲板出现后，理论上可不再需要任何拦阻网或阻栅网，便能确

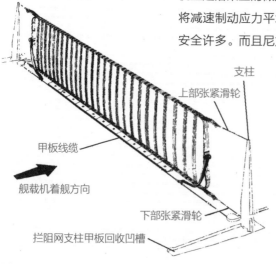

支柱

上部张紧滑轮

甲板线缆

舰载机着舰方向

下部张紧滑轮

拦阻网支柱甲板回收凹槽

保降落飞机不会危及甲板上停放的其他飞机，不过考虑到应对飞机起落架发生故障的情况，设有斜角甲板的航空母舰还是保留了一道尼龙阻栅网的配备，以便帮助回收这些无法正常降落的飞机。

英国引进尼龙阻栅网

英国皇家海军传统使用的拦阻网架设高度较高，以拦住降落飞机的前机身与机翼前缘为目的，不像美国海军高度较低的拦阻网，是通过拦住降落飞机的起落架来制动。

不过，当皇家海军的舰载机从活塞螺旋桨跨入喷气动力时代后，皇家海军发现原有的拦阻网不适用于喷气式飞机，螺旋桨飞机可通过机头内的活塞发动机与发动机支架，来承受接触拦阻网时的冲击，但喷气式飞机的机头缺乏这种可以承受拦阻冲击的坚固结构物，拦阻网钢缆施加的减速制动应力，将直接冲击主翼前缘与平滑机头后的座舱，对于机翼结构与飞行员来说都相当危险。

而美国海军新发展出的尼龙阻栅网正好提供了一个现成的解决方案，于是英国皇家海军也在1951年引进了尼龙阻栅网。

上图：传统拦阻网或戴维斯式拦阻网，都以拦阻降落飞机的起落架为目的，制动减速应力通过横向的钢缆施加在飞机起落架上，如上图这架F9F"豹"式战机便通过主起落架钩住拦阻网的钢缆，制动停止在飞行甲板上。而尼龙阻栅网则是通过垂直尼龙条带将制动应力平均施加在前机身与主翼前缘，如图中这架F9F-6"美洲狮"战机，便通过前机身与机翼前缘接触阻栅网的垂直尼龙条带来制动停止。（美国海军图片）

第**2**部

斜角甲板的发明与应用

★★★★★

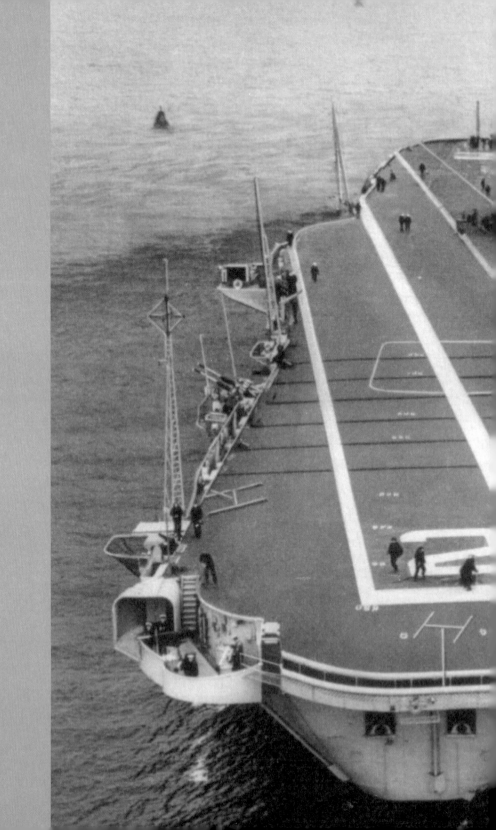

斜角甲板的诞生

19 45年初，英国皇家海军资深军官委员会定义了在航空母舰上操作喷气式飞机预期牵涉的相关问题后，便将这些问题转给国防部直属的皇家飞机研究所（Royal Aircraft Establishment, RAE），由皇家飞机研究所的技术专家们研究解决问题的实际方法。

喷气式飞机航空母舰降落技术发展的起步

在此之前的1938年，皇家飞机研究所便在主制图办公室下成立了一个弹射器小组（Catapult Section），专门负责设计、测试皇家海军航空母舰的弹射器与拦阻索设备。小组内除了拥有富有经验的工程师、技工与制图者等"地面组员"外，另有经验丰富的试飞员提供飞行实务方面的协助。后来该小组在1945年4月更名为海军飞机部（Naval Aircraft Department, NAD），由一位文职工程师波丁顿（Lewis Boddington）负责领导。

在资深军官委员会提出问题之前，皇家飞机研究所内部也已开始探讨喷气式飞机的航空母舰运用

上图：图片为1945年拍摄的位于范堡罗机场内的皇家飞机研究所全景，可见到机场上停满了各式各样试验用的飞机。皇家飞机研究所于1988年更名为皇家航空研究所（缩写仍是RAE），1991年并入新成立的国防研究局。（英国国防部图片）

问题，并在波丁顿的主导下，在1944年形成了无起落架飞机的构想。

无起落架飞机概念

由于喷气式飞机没有螺旋桨，理论上可以不需要起落架，直接以机腹降落滑行；而且省略起落架还能减轻机体重量，并可以让机翼做得更薄，有助于提高飞机性能。

1944年11月，皇家飞机研究所总监收到海军部指示："我们已和海军研究局长（CNR）讨论过在航空母舰上操作无起落架高速飞机的可行性，他并未发现这种应用存在任何不可克服的困难。因此请你就海军飞机能从这种（机构）获得的好处做出正确评价，并探讨这种操作方式可预见的困难。同时要求你评估在航空母舰上操作喷气推进飞机的可能性。"

省略起落架的无起落架飞机概念获得高层认可后，接下来的问题便是如何让这种飞机安全地降落到航空母舰甲板上。

皇家飞机研究所在1945年1月集会讨论了几种不使用起落架的航空母舰降落方法，包括让飞机直接降落到各式各样的"软性"甲板介质上，如松软的地面或沙土、弹簧甲板（Sprung Deck）、可在水上漂浮的韧性材料、金属丝网（Wire Net）等，还有让飞机钩住系在两座高塔间的缆线的回收方法[1]，或降落到沿轨道运行的拖车上等。最后选择的是前

---

[1] 即美国在二战期间发明的布罗迪（Brodie）降落系统，一种利用高塔间缆线让飞机钩住回收与再次起飞的方法，这套系统可让飞机不使用起落架即能回收与起飞，不过只适用于降落与起飞速度都很低的轻型机。英国海军曾在1945年10月到1946年2月间测试过布罗迪系统，但目的并不是将其应用在航空母舰上。在测试使用的L-4B轻型观测机坠毁后，便中止了试验。

皇家飞行军团[1]军官格林（F. M. Green）少校提出的弹性甲板
（Flexible Deck）方案。

弹性甲板——航空母舰降落新概念

　　格林建议可将没有起落架的飞机直接降落到一个由韧性材
质（如橡胶）制成、并由减震装置支撑的"垫子"（Carpet）
上，希望通过这种缓冲垫跑道搭配正规的拦阻索，在最短距
离内让飞机制动停止。针对降落8000磅重左右的舰载机（这是
"海吸血鬼"战机典型的降落重量），他提议可使用1条长约
150英尺、宽约40英尺的缓冲垫跑道。格林认为，若能保持这种
跑道的潮湿度，则因降落而造成的橡胶跑道表面磨损将会变得
相当小。

　　海军飞机部在1945年6月7日向皇家飞机研究所主管部门
提交了一份"试验工作提案计划"（Proposed Programme of
Experimental Work），目的在于测试在航空母舰上运用无起落
架喷气式飞机的可行性，这个计划一共包含4个阶段。

　　阶段1是关于基础设施的细节试验计划，先在皇家飞机研
究所所在的范堡罗建造一个200英尺×70英尺大小的特殊混凝土
凹池，用于测试一种充气甲板。

　　阶段2以1架模型飞机（Hotspur滑翔机）在临时搭建的"弹
性甲板"上进行抛掷与牵引试验。同时皇家飞机研究所的工程
师也开始设计用于海上试验的全尺寸甲板。

　　阶段3在范堡罗以实际飞机进行弹性甲板或充气甲板的测
试，通过这项测试来确认无起落架飞机降落在弹性甲板上的合
适程序。

　　第4阶段则由一系列海上测试组成，除了弹性甲板之外，
皇家飞机研究所还希望能够"有一种机械瞄准仪器，能够充当
'自动化着舰引导官'角色负责传递信号……为飞行员提供接

---

[1]　皇家飞行军团（Royal Flying Corps）即一战时的英国陆军航空队，一战后转型
　　为独立的皇家空军主体。

右图：在实际进行海上试验
之前，皇家飞机研究所先在
范堡罗机场进行陆基的弹性
甲板试验，上为艾瑞克·布
朗驾驶"吸血鬼"战机降落
在弹性甲板上的情形，注意
图片中这架即将着陆的飞
机，起落架是收起的。下为
"吸血鬼"战机被拖离弹性
甲板、置放到拖车上。无起
落架飞机无法自行移动，只
能依靠外力拖曳，从下面这
张图片还可见到弹性甲板的
侧面剖面。（英国国防部
图片）

近（航空母舰）时的标示与（操作）修正指示"。

在此之前的1945年6月，波丁顿与他的同事们已确认了2
种可行方案，用来解决皇家海军官员们所提出的在航空母舰上
操作喷气式飞机的问题——一种新型降落甲板，以及一种改进
的、用于引导飞行员驾驶喷气式飞机着舰的方法。波丁顿在
他的提案中称："喷气式飞机的发展，将带来大幅增加起飞
速度的要求……这又会造成必须去除当前对于甲板自由起飞
（Free-Deck Take-Off）的限制规定，以便在所有情况下都能满
足协助喷气式飞机起飞的需求。"

而他们提出的3种构想——修改降落甲板，通过降落辅助
设备协助引导飞行员降落，以及使用弹射器"在所有条件下协

助喷气式飞机起飞"，也让日后以操作、运用喷气式飞机为核心的现代化航空母舰，有了实用化的可能。

弹性甲板的实际测试

范堡罗的皇家海军工程师与技术人员，从1946年开始发展与测试弹性甲板原型（或者称为缓冲垫航空母舰降落甲板）。不过皇家海军并没把弹性甲板当作是一种立即可用的解决方案，掌管皇家海军研究的斯拉特里（M. S. Slattery）少将在1945年4月指出，弹性甲板实际上是"一种过渡措施，用来应用到既有的喷气机设计上，去除这些机型的起落架，以便教导我们并显示解决创造一种新类型航空母舰设计问题的方向"。

在进行弹性甲板发展延伸测试过后，范堡罗的人员从1946年1月开始着手全尺寸系统的相关工作。如同先前预测的，此时他们也发现了一些问题。

下图：铺设在"勇士"号航空母舰甲板上的弹性甲板，由数10根香肠状的充气圆筒作为内部支撑、再覆盖橡胶衬垫。（英国国防部图片）

弹性甲板的缓冲垫由一系列充气的香肠状充气圆筒组成，在这些圆筒顶部铺有一层作为衬垫的平面橡胶甲板，可让降落的飞机在上面滑行。滑翔机模型抛掷试验显示，通过充气圆筒之间的受力推挤所形成的缓冲效应，能让甲板承载降落飞机的重量与降落产生的冲击。

范堡罗地面人员遇到的实际问题是橡胶衬垫的制造与铺设。如同一位工程师所说："在此之前从未有人尝试过制造像这样巨大的（橡胶垫），许多制造方面的试验工作必须在设计完成之前进行。"

从1947年3月起，范堡罗的工程师与技师便开始测试长200英尺、宽60英尺，并含有拦阻索的弹性甲板。而第一次驾驶飞机的降落试验，则是由创下世界首例喷气式飞机航空母舰降落的著名皇家海军试飞员艾瑞克·布朗执行。

下图：收起起落架，正准备以机腹降落到"勇士"号航空母舰弹性甲板上的皇家海军"吸血鬼"战机，注意尾钩已经钩上拦阻索。1948～1949年间，皇家海军在改装的"勇士"号航空母舰与陆地机场上一共进行了200多次弹性甲板降落试验，未发生过任何严重事故。（英国国防部图片）

1947年12月29日当天，布朗驾驶一架收起起落架的"海吸血鬼"战机，在范堡罗机场内的模拟弹性甲板上着陆，但这次试验却差点要了布朗的命。

当布朗驾机接近着舰区时，飞机突然发生快速下坠情况，布朗虽然试图拉大油门、增大发动机推力来控制下坠速度，但因发动机加速反应过慢，飞机依旧继续下坠，并重重地摔落到弹性甲板衬垫末端的进场斜坡上。剧烈撞击导致飞机尾钩弹起并卡住，而由于尾部已经受损，进而导致飞机沿着甲板衬垫弹了两下，最后撞到甲板上，整个机体严重受损，不过幸运的是布朗没有受伤。

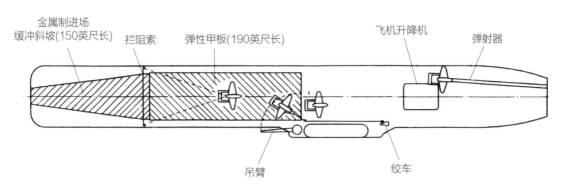

金属制进场缓冲斜坡(150英尺长)　拦阻索　弹性甲板(190英尺长)　飞机升降机　弹射器

吊臂　绞车

　　吸取首次试验的教训，接下来皇家飞机研究所调整了降落程序，并于3个半月后的1948年3月17日，再次由布朗驾着1架"海吸血鬼"战机完成了首次完美的弹性甲板降落。

　　试验在1948年继续进行，最后布朗在范堡罗一共完成了40次降落试验。接下来皇家海军选择当时刚由加拿大海军归还的"勇士"号航空母舰（HMS Warrior），作为弹性甲板试验舰（"勇士"号航空母舰在1946年3月至1948年3月间暂时借给加拿大海军使用）。皇家飞机研究所工程人员在"勇士"号航空母舰舰岛后方的飞行甲板上，沿船艉方向铺设了一层长190英尺长、厚约2.25英寸、由橡胶构成的弹性甲板，弹性甲板末端接有一段延伸到船艉、长150英尺的金属制进场斜坡（Approach Ramp）。

　　拦阻索则只设置1条，安装在靠近弹性甲板后端位置。降落的飞机钩上拦阻索后，机体将会向前落到弹性甲板的橡胶衬垫上，通过弹性甲板的缓冲以及拦阻索的制动，可缓和喷气式飞机降落时的高速，让飞机滑行数英尺后便减速停止。不过由于搭配弹性甲板的飞机并没有起落架，飞机降落后无法自力在甲板上移动，因此飞机着舰必须通过外力拖曳移动，如利用舰岛后方的吊臂或前甲板的绞车将飞机吊放或牵引置放到弹性甲板前端的拖车上，然后通过拖车来搬移飞机。

　　首次海上测试仍然是由布朗负责驾机执行的，他在1948年

上图：改装了弹性甲板的皇家海军"勇士"号航空母舰甲板配置。由于降落到弹性甲板上的飞机都收起了起落架（或是根本没有起落架），无法直接移动，因此当飞机降落到弹性甲板上停止后，便须通过舰岛后方的吊臂将机体吊起，或利用舰岛前端的绞车，将飞机放到位于弹性甲板前端的拖车上，利用拖车来移动飞机，将飞机移动到前方甲板，然后利用升降机回收到机库内，或拖行到弹射器位置准备起飞。不过测试中使用的"海吸血鬼"战机着舰后，再次起飞时并不使用弹射器，而是从弹性甲板前方长约300英尺的钢制飞行甲板上自力滑行起飞。（英国国防部图片）

驾驶过最多种飞机的世界纪录保持人
——艾瑞克·布朗

我们在前面文章中多次提到英国皇家海军试飞员艾瑞克·布朗的名字，事实上他是吉尼斯世界纪录记载飞过最多不同形式飞机的纪录保持者，一共驾驶过487种形式的飞机，除了飞过最多种形式的飞机外，他在试飞领域的著名事迹，还包括在二战后负责试飞掳获的多种德国喷气式飞机。在海军航空领域，布朗也有着第1位驾驶蚊式双发动机战机完成航空母舰降落、第1位驾驶喷气式飞机完成航空母舰起降、英国第1位完成双发动机喷气式飞机航空母舰起降，以及第1位进行无起落架飞机降落弹性甲板试验的称号，还是完成最多次航空母舰降落的世界纪录保持人（2407次）。由于丰富的航空母舰飞行经验，后来在皇家海军的CVA-01航空母舰计划中，他还为飞行甲板设计提供过咨询，另外他为《国际航空》（Air International）杂志撰写的一系列试飞心得文章亦十分著名。

11月3日驾着1架收起起落架的"海吸血鬼"战机，成功降落到"勇士"号航空母舰的弹性甲板上，完成了无起落架飞机降落弹性甲板的首次海上试验。布朗在试验报告中写道："弹性甲板已经解决了让飞机降落到航空母舰上的问题。"

陷入歧途的美国海军

当英国皇家海军开始研究如何更妥善地在航空母舰上操作喷气式飞机，并展开弹性甲板测试时，拥有当时最庞大海上航空力量的美国海军，在这方面难道毫无作为吗？他们是否也有和皇家海军同行们一样的想法与计划？答案既是"是"也是"否"。

举例来说，1944年底，率第38特遣舰队在菲律宾一带作战的米切尔（Marc Mitscher）中将，就向海军作战部部长厄内斯特·金（Ernest King）建议发展一种基于菲律宾海海战（Battle of the Philippine Sea）与莱特湾海战（Battle of Leyte Gulf）等几场主要航空母舰作战教训的新航空母舰设计，这个建议也获得了太平洋战区航空单位指挥官们的赞同。

为回应米切尔的提议，在负责海军航空业务的副作战部长办公室中，掌管军事航空规格特性部门的拉塞尔

（William Rassieur）上校，便针对美国海军既有与发展中的那些重量愈来愈重的新型飞机会对当时建造中的"埃塞克斯"级与"中途岛"级航空母舰产生哪些冲击，展开了一项全面性研究。

拉塞尔在分析中将航空母舰与其航空团视为一个单一系统，并认为"航空母舰加航空团"这个系统的目的在于产出"出击架次"，也就是提供尽可能高的出击架次。为了让这个目的能达到最佳化，航空母舰必须配备多条能同时操作的弹射器。此外，飞机升降机应布置在飞行甲板边缘，以便把飞行甲板空间释出给在各弹射器旁等待的飞机。

拉塞尔上校在1945年6月底正式提出了回应米切尔中将提议的航空母舰设计分析报告，稍后在7月初，这种含有"彻底重新设计的飞行甲板，与一种新（甲板）作业模式"的新航空母舰概念，获得了航空副作战部长的认可。

不过美国海军的目光，很快就被新出现的核武器给吸引，这也导致改革航空母舰飞行甲板设计的提案被搁置。

核阴影下的海军航空力量发展

1945年8月投在广岛与长崎的2枚原子弹改变了现代海军的作战形态与技术发展方向。

原子弹这种毁灭威力空前的新武器出现后，显而易见成为强权手上的头号打击工具，甚至成为决定未来战争结果的"唯一仲裁者"，而目标显著的水面舰队与船团，也成为打击目标之一。因此核时代的到来，让美国海军面临了前所未有的危机，他们必须设法解决以下两个问题，来证明自身的存在价值。

（1）必须证明海军舰队在核打击下的生存性。

（2）必须证明海军舰队也能作为一种有效的核打击力量。

1946年7月在比基尼环礁（Bikini Atoll）进行的"十字路行

动"（Operation Crossroads）核爆试验，证明了只要采取适当疏散，配合一定的防护措施，水面舰队在核打击下仍能维持相当程度的生存性。

较棘手的是第2个问题。显然，威力巨大的原子弹必然成为战后最受重视的武器，任何军种或者武器系统，若无法在核打击领域占有一席之地，就意味着将失去预算分配上的优先权。然而开发原子弹的"曼哈顿计划"（Manhattan Project）是由美国陆军主导的，美国海军只是象征性地参与，负责发展原子弹的非核部分部件，而且一开始美国海军甚至连原子弹的尺寸、重量都未被告知。

二战结束时，美国的核打击能力仍十分有限，实际可用的原子弹寥寥无几，唯一可用的投掷工具也只有陆军航空军几架改装过的B-29"超级空中堡垒"（Super fortress）轰炸机，因此海军要在核打击能力方面追赶陆军脚步，仍为时未晚。

在导弹技术尚未成熟前，利用飞机携带是唯一实用的投掷核弹手段，对海军来说，也就是使用航空母舰舰载机作为核弹投掷载具。由于初期的核弹重达1万磅以上，要携带这么重的炸弹深入敌境、对敌方腹地施以打击，对飞机承载及航程性能有相当高的要求，这不仅影响机体设计，考虑到舰载机的舰载作业需求也会影响航空母舰设计。

着迷于核武力的美国海军

在拉塞尔上校提出新型航空母舰设计分析报告的同时，海军航空局也研究了在航空母舰上操作涡轮旋桨飞机的议题。这项研究由海军航空局萨拉达（Harold Sallada）少将亲自领军，最后在1945年12月向海军作战部长提议，海军应发展与采购一种可携带极大炸弹承载的新型舰载轰炸机，毫无疑问，这是为了携带原子弹所做的准备。

此时刚从太平洋返回本土、接掌负责海军航空业务作战部副部长职位的米切尔，以及新上任的海军作战部部长尼米兹，很快就批准了萨拉达的建议。1946年2月，作战部副部长拉姆齐（DeWitt Ramsey）指示海军舰船局（BuShips）启动新航空母舰的设计研究，而海军舰船局立即在4月准备好了一个C-2预备设计方案。

除C-2设计方案之外，在1946年当时还有另一个航空母舰概念正在发展中。C-2设计方案是"中途岛"级航空母舰的修改版，主要目的在于携载与弹射非常大型的轰炸机。不过海军舰船局同时也在进行新型航空母舰设计：一种称为CVB X、预定作为"埃塞克斯"级航空母舰后继者的新型通用航空母舰。CVB X最后演变为命运不幸的"合众国"号航空母舰（USS United States CVA 58，1949年被国防部部长取消），亦被设计用来搭载大型舰载轰炸机，并可兼顾核武器与传统任务。

美国海军内部对于核攻击任务的兴趣十分强烈，海军航空局在1946年1月发出一份后来成为AJ"野人"的新型舰载轰炸机规格草案。为回应这份需求规格，海军资深官员、海军航空局与民间代表于3月进行了非正式会面，初步确认了发展方向。与此同时，海军航空物资中心（NAMC）的飞机实验室，也已

下图：核武器的出现不仅改变了美国海军的政策主轴，也改变了美国海军的航空母舰技术发展方向。图片为1946年7月在比基尼环礁进行的"十字路行动"核试爆中的Baker水下核爆试验景象，在蘑菇云下方可以见到作为试验目标的水面舰艇舰影。（美国海军图片）

上图：二战结束后，美国海军将海上航空力量的发展重点放在发展可携带核弹的舰载轰炸机，以及可运用大型轰炸机的新型航空母舰上，以便与美国空军争夺核武器控制权。相对地，英国皇家海军则聚焦于如何应对喷气式飞机的航空母舰操作问题上。图片为甲板上搭载了AJ"野人"轰炸机的"中途岛"号航空母舰。（美国海军图片）

经准备好新轰炸机的预备设计方案，并收集了大量美国陆军航空军的陆基轰炸机资料作为参考。

1946年6月，负责政策与计划的作战部副部长莱特（Jerauld Wright）少将向海军作战部部长尼米兹指出，核武器的存在——即使是像1945年8月用来攻击长崎的那种并不十分成熟、既庞大又笨重的钚弹，仍给了海军建造大型远程轰炸机与航空母舰的正当理由。

接下来在1946年7月，代理海军部长苏利文（John Sullivan）写了一封信给杜鲁门总统，信中强调："高机动性的海军特遣舰队通过它的能力，可以在世界上几乎任何地方相继进行持续打击，这支武力可以成为原子时代战争中最具价值的一个部分。"就如同退役海军中将米勒（Jerry Miller）在2001年出版的《核武器和航空母舰》（Nuclear Weapons and Aircraft Carriers）一书所说的，在二战后，核任务成了美国海军唯一关心的主题（Only Game in Town）。

分道扬镳的英美海上航空力量发展

正是基于核武器任务方面的需求，美国海军与英国皇家海军在二战后走向了不同发展方向。对英国皇家海军来说，1945—1946年时的焦点，放在重新思考航空母舰飞行甲板的设计与作业流程上，以便适应被设计用来执行护航任务的喷气式飞机性能特性，但皇家海军并不打算让他们的航空母舰扮演核攻击角色。

美国海军则截然不同，他们把航空母舰力量发展重点放在重型对地打击与核打击任务上，因此强调发展更大型的新航空母舰。美国海军一直力图证明自己在核打击任务领域拥有与陆基航空力量同等的能力。

这也意味着，美国海军是想让航空母舰与舰载机去适应（Adapt）新的任务（即核打击任务）；而英国皇家海军则是想让航空母舰克服（Overcome）喷气式飞机的操作问题（如更高的降落速度、涡轮喷气发动机反应速度慢等），以解决几乎无法在既有航空母舰上安全操作喷气式飞机的困境。

皇家海军技术专家们意识到：他们必须提出新发明来解决前述问题，包括新的降落甲板、辅助着舰设备与弹射设备。美国海军虽然也提出了新发明，但却是在极其不同的方向与层次上，包括重量超过6万磅的新轰炸机，以及能让这种轰炸机起飞的新航空母舰。

两者相较下，英国皇家海军采取的路线显然更为"巧妙"，面对舰载机愈来愈重，且喷气式飞机起降速度远高于传统螺旋桨飞机的问题，他们并不企图扩大航空母舰尺寸与吨位，而是发展新的降落与起飞辅助机制来应对。

美国海军采取的解决方式则显得更为"直接"。美国海军希望在航空母舰上操作能携带原子弹的大型轰炸机，显然，只有大型航空母舰才能搭载这样大的机型，即使是"中途岛"等级的舰体，要操作这种大型轰炸机仍显不足，因此美国海军又

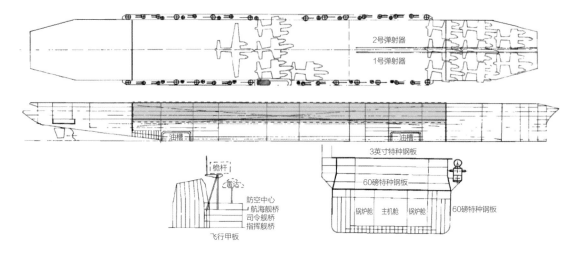

2号弹射器

1号弹射器

桅杆

雷达

防空中心
航海舰桥
司令舰桥
指挥舰桥
飞行甲板

油槽

3英寸特种钢板

60磅特种钢板

锅炉舱　主机舱　锅炉舱

60磅特种钢板

油槽

上图：1946年的CVB X航空母舰设计草案。二战后美国海军航空母舰力量发展的首要课题，并不是搭配新型的喷气战斗机，而是如何操作具备核攻击能力的轰炸机，上图中的CVB X设计方案，便是美国海军第1种以搭载重型轰炸机执行核打击任务为目的的航空母舰设计，舰体与飞行甲板基本构型类似"中途岛"级航空母舰，但舰体内未设机库，轰炸机直接露天停放于飞行甲板，飞行甲板宽度可并排停放3架折叠后的轰炸机，轰炸机可利用舰艏的2组液压弹射器弹射起飞，然后由舰艉降落回收。虽然海军航空局强烈建议采用无舰岛的平甲板构型，但海军舰船局仍试着保留一个小型舰岛，以便保有较佳的操舰视野，并用于配置雷达与烟囱。（美国海军图片）

采取了一些极端的"特化"做法。

（1）新航空母舰将专门用于搭载大型核轰炸机，不考虑搭载其他机型。

（2）考虑到承载及航程能力的要求，这种新型轰炸机体型将会非常庞大，甚至比B-17"空中堡垒"（Flying Fortress）、B-24"解放者"（Liberator）等陆基轰炸机都大上一号，为运用这种尺寸空前的舰载机，必须在航空母舰设计上采用有别于传统的做法。考虑到要在舰体内设置能容纳这种机型的机库将会非常困难，因此干脆省略机库、改用露天甲板来停放这种轰炸机；更进一步地，为去除上层结构对轰炸机翼展造成的限制，以利新轰炸机的甲板作业，美国海军还打算省略舰岛。

（3）新航空母舰的航空燃料与武器承载能力是以让16～24架重型轰炸机、每架可执行4～6次全程飞行任务为基准，显然，这是基于让少数轰炸机执行核打击任务为目的的。

海军作战部长助理加雷利（Daniel Gallery）少将甚至在1947年12月17日发出的一份备忘录中，建议采用轰炸机单程攻击概念，他认为："原子弹轰炸任务的重要性，值得因此牺牲负责投弹的飞机，但我们并不希望牺牲乘员——通过在预设地点部署潜艇，然后让投弹完毕的轰炸机飞往该地水上迫降（让潜艇援救轰炸机乘员），便可做到这一点。"

不管加雷利的构想是否合理，我们仍可看出当时的美国海军对于获得独立海上核打击能力的期望是多么的执着！

从弹性甲板到斜角甲板

1948—1949年，英国皇家海军在改装的"勇士"号航空母舰与陆地机场上一共进行了近200次弹性甲板降落试验，除了艾瑞克·布朗外，还有5位不同经验的飞行员参与试验，整个试验过程未发生过任何严重事故。

尽管试验颇为成功，但艾瑞克·布朗对于其他国家海军为什么没有注意到弹性甲板的效用感到困惑，他知道美国海军航空局正在观察皇家海军的发展工作进展，海军航空局的工程师也对这种设计感兴趣，但美国海军却迟迟没有展开任何实际行动[1]。

但他不知道的是，当时的海军航空局局长普莱德（Alfred Pride）少将并不赞同弹性甲板这种设计。直到普莱德于1951年5月调任西岸航空部队指挥官后，海军航空局内部关于发展美国版弹性甲板的构想，才有可能获准。不过尽管美国海军后来也进行了弹性甲板试验，但最后还是没有接受这种设计。

事实上，当时美国海军正在发展可由普通水面护卫舰搭载，专供船团护航任务使用的垂直起降飞机。海军航空局在1948年向航空业界发出了开发这种机型的需求，并在1954—1955年间进行了2种实验机的测试（即康维尔XFY-1与洛克希德XFV-1），垂直起降飞机可大幅减少飞行甲板面积需求，因此对弹性甲板这种针对喷气式飞机的新型降落技术，需求自然就

---

[1]　美国海军曾派员参与皇家海军的弹性甲板试验。从1948年11月至1949年5月间，
　　　1名美国海军试飞员，便与来自英国皇家海军与皇家空军的飞行员，一同参加了
　　　在"勇士"号航空母舰与范堡罗基地进行的弹性甲板降落测试。

不那么迫切。

两国海军对弹性甲板接受态度上的差异源自根本目的的不同。英国皇家海军技术专家们在二战后的工作，是针对如何让航空母舰与喷气式飞机结合在一起运作的需求，创造出一种新发明；而美国海军在这方面的努力，则更偏向发展一种可携带大型核武器的舰载机。

海军航空局在1946年6月向北美航空订购了AJ"野人"——一种能携带原子弹的最小型飞机。AJ"野人"是种采用直线翼的活塞发动机加上喷气复合动力飞机，以2具R-2800活塞发动机为主要动力来源，机尾另安装有1具用于提供额外动力的J33涡轮喷气发动机，理论上没有喷气式飞机降落速度过高的问题。

不过AJ"野人"超过5.2万磅的最大起飞重量，明显超过先前的航空母舰操作飞机最大重量纪录〔原纪录是1944年11月在"香格里拉"号航空母舰（USS Shangri-La CV 38）上进行的PBJ-1H双发动机巡逻轰炸机起降测试时创下〕。要直接在现有航空母舰上操作AJ"野人"也存在困难，因此尼米兹便在1946年11月指示对3艘CVB航空母舰（"中途岛"级）进行修改（强化甲板、增设核弹处理设施等），以便能运用携带原子弹的AJ"野人"。

美国海军采用的策略是：①发展

并部署AJ"野人"的量产型AJ-1，同时展开后继的纯喷气动力轰炸机开发工作，也就是后来的A3D"空中战士"；②修改3艘CVB航空母舰（即"中途岛"级）以便操作AJ-1"野人"；③专门针对A3D"空中战士"的特性与操作需求设计1种新型大型航空母舰。

与此同时，海军高层还通过以重达7万磅的P2V-3C"海王星"（Neptune）巡逻轰炸机在"中途岛"级航空母舰上进行起飞试验，向杜鲁门政府展示海军有能力在航空母舰上操作核轰炸机。

于是二战结束后不到5年时间内，美国海军便将第1种可携带原子弹的舰载轰炸机AJ-1"野人"投入服役，海军舰船局则花了许多时间设计可操作大型轰炸机的"超级"航空母舰，海军航空局的新型轰炸机竞标则产生了A3D"空中战士"，此外海军也在3艘"中途岛"级航空母舰上部署改装的P2V-3C"海王星"，作为过渡用舰载核轰炸机。

弹性甲板出局

接下来喷气式飞机航空母舰降落技术的发展，又有了新变化。

弹性甲板的试验大致上还算成功。试验显示，专门针对弹性甲板设计的无起落架飞机，光是省略起落架相关机构便能节省4%～5%重量，而这又能带来其他改进（如采用更薄的主翼），从而让机体总重减轻5%～6%，换算为性能的话，对航空母舰舰载机意味着可延长大约45分钟续航时间，或航速增加17～23英里/时。

而对于航空母舰运用来说，无起落架飞机还有2个优点：①对于机库高度的需求较低。②可让飞机以一边机翼翘起的左右倾斜方式停放，从而让一架飞机的翼尖停放在另一架飞机翘起的翼尖下方，以机翼交叠的方式来提高停放密度。

但问题在于，无起落架飞机无法降落在普通机场或未安

对页图：尽快赋予航空母舰执行核打击任务的能力，是二战后美国海军最关心的议题。为了尽快获得自身的核打击力量，美国海军曾以改装的陆基P2V"海王星"巡逻轰炸机充当过渡用核轰炸机，让加装了8具1000磅推力助推火箭的P2V-3C"海王星"从"中途岛"级航空母舰上起飞，执行完任务后再于友军基地降落。图片为1949年4月2日1架P2V-3C"海王星"从"富兰克林·罗斯福"号航空母舰上起飞的连续镜头，可看到助推火箭燃烧产生的白烟笼罩了整个甲板。（美国海军图片）

装弹性甲板的航空母舰上，除非全面普遍部署弹性甲板，否则无起落架飞机的适用性非常窄。但无论是耗费巨资为陆基基地与航空母舰全面配备弹性甲板，或为了发挥弹性甲板的最大效用，而去专门开发一种新的无起落架飞机，就成本效益来说都是不值得的。

而且对于航空母舰来说，当安装了总长340英尺以上的弹性甲板与配套缓冲斜坡后，飞行甲板前端会剩下很少空间，可以给等待使用前端弹射器的飞机使用，这将会造成整个飞行甲板运作的困难。如同皇家海军资深航空专家、当时担任军需部海军代表副主席的康贝尔（Dennis Cambell）上校所说的："（弹性甲板的）困难是无法克服的。"

康贝尔认为弹性甲板加上无起落架飞机概念存在两大问题。①无起落架飞机的陆基操作问题，若给无起落架飞机配上一套陆基作业专用起落架，将会完全失去弹性甲板这个概念在节省飞机重量上的优势。②由于没有机轮，无起落架飞机在航空母舰甲板上的移动将会十分麻烦，必须依靠起重机、拖车、绞车等机械的帮助，流程复杂且耗时，不像一般飞机可轻易地利用起落架滑行到甲板上的停机位，低下的甲板运作效率是弹性甲板的另一致命伤。

康贝尔不仅揭露了弹性甲板本质上的缺陷，还提出了他

下图：无起落架飞机可以一边机翼翘起的倾斜放式停放，从而让多架飞机以机翼交叠的方式紧密停放在机库中，提高机库停放密度，如图片中这2架停放在苏赛克斯（Sussex）皇家海军福特基地的"吸血鬼"战机。（英国国防部图片）

美国海军的弹性甲板试验

在英国的弹性甲板试验结束4年多后，美国海军才在1953年于马里兰帕图森河海军航空站的海军飞行测试中心（Naval Air Test Center, NATC），搭建了1条570英尺×80英尺、由30英寸充气管支撑的弹性甲板，由格鲁曼公司试飞员诺里斯（John Norris）与海军试飞员摩尔（John Moore）负责驾驶2架改装过的F9F-7"美洲狮"战机，从1955年2月起进行了23次收起起落架的弹性甲板降落试验。

试飞员诺里斯回忆表示，他在试验时额外穿了棒球捕手用护膝来保护膝盖，并戴了特制头盔，头盔后有机构与弹射椅头靠连在一起，以便在遭遇降落冲击时固定头部，但降落产生的弹跳还是使他大吃苦头。"第一次弹跳很美妙，可是它却又再弹跳了至少2次，弹起的高度比捕捉钩最高高度还高3倍！这并不有趣，会让你的脖子受伤，即使当我一察觉拦阻降落负荷出现、便尽力抬起脚然后踩下，但我的腿还是被猛撞一下。"不过特制头盔很有用，"直到最后，头盔都把（我的头）牢牢锁定在固定位置上，直到弹跳停止为止……我在我的10次降落（试验）中每次都戴着它。"

整个试验在技术上大致可算成功，但此时更有效率、更具实用性的斜角甲板概念已经诞生。

本页图：1955年2月在帕图森河海军飞行测试中心进行的弹性甲板试验，上为在弹性甲板上制动停止的试验用F9F-7"美洲狮"战机，可注意到这架飞机没有放下起落架，而是以机腹直接着陆；下为该机在弹性甲板上弹跳滑行的连续镜头。（美国海军图片）

弹性甲板的缺陷与改进尝试

范堡罗的陆基试验与"勇士"号航空母舰的海上试验，证实了无起落架飞机搭配弹性甲板的概念是可行的，但仅限于"可行"，而没有达到"实用"的层次。

省略起落架是无起落架飞机的主要卖点，但同时也是致命缺陷所在，缺少起落架这个机构，导致作业适应性很窄、甲板作业效率低下以及其他一系列问题。

◆ **狭窄的操作适应性**

只有配备弹性甲板的航空母舰与陆基基地，才能操作无起落架飞机，除非在世界所有海军飞机可能转场的机场都准备弹性甲板，否则无起落架飞机的适用性将非常狭窄。

此外，无起落架构型只适用于喷气式飞机，螺旋桨飞机仍然需要使用起落架，所以航空母舰还是必须保留传统飞行甲板，用于操作螺旋桨飞机与直升机。

◆ **飞机外载物的处理**

作战飞机经常必须在机身或机翼下安装挂架，以便携带外载副油箱或武器弹药。除非在每次降落前都将外载物连同挂架一同抛弃，否则这些挂架与外载物在飞机沿着弹性甲板滑动的过程中，可能会被撕裂或损坏。

◆ **低下的甲板作业效率**

配备轮式起落架的飞机，在直通甲板上通过拦阻索进行传统着舰时，回收飞机的速率大约是每分钟2架，若飞机进场速度为60节，则当第1架飞机捕捉到拦阻索时，第2架飞机正位于舰艉1000码的进场最后转向位置。

海军飞机部主管、同时也是弹性

甲板的倡导者波丁顿认为，1000码的间隔是2次降落作业间可接受的最小距离，他建议进场速度110节的飞机，应该以16秒的速度执行降落回收作业，也就是每分钟回收4架。由于2架降落飞机的间隔设为1000英尺，而飞机的进场速度为110节，计算可知，当第2架飞机接近200码距离前，甲板人员只有12秒的时间，可以用来回收与清除第1架降落的飞机。

但是在"勇士"号航空母舰上进行的弹性甲板试验显示，当"吸血鬼"战机降落到弹性甲板上以后，需要花5分钟时间将飞机吊放或拖曳到拖车上，然后利用拖车移动离开甲板，或者直接将飞机吊放到钢制甲板区域、让飞机放下起落架自行离开甲板。但长达5分钟的着舰时间间隔，显然是无法接受的。

改善甲板作业效率的努力

为了改善弹性甲板作业效率低的问题，海军飞机部提出了许多构想，包括：在弹性甲板着舰区前端安装一个斜板，帮助将飞机拖离弹性甲板区域；通过设置在舷侧的起重机，以钢绳拖曳飞机进入机库。

还有一种是弹性甲板结合传统直线形甲板的混合形式，在弹性甲

下图：为了改善弹性甲板与无起落架飞机的甲板作业效率，皇家飞机研究所的海军飞机部提出了几种新形态的航空母舰设计。上图为1949年提出的一种双层甲板航空母舰设计，上层甲板为设有弹性甲板的降落用甲板，降落到弹性甲板上的飞机可就近从两侧的升降机送到下层甲板或机库；下层甲板为设有弹射器的起飞用甲板，通过彻底分离起飞与降落作业甲板，来改善甲板作业效率。（英国国防部图片）

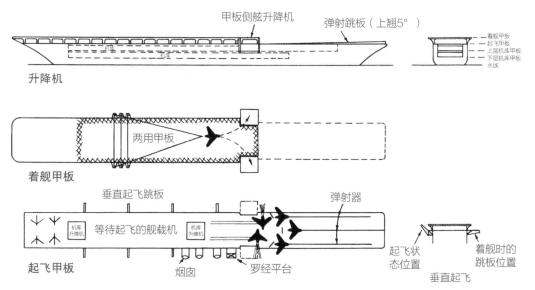

升降机　甲板侧舷升降机　弹射跳板（上翘5°）

着舰甲板　两用甲板

起飞甲板　垂直起飞跳板　等待起飞的舰载机　弹射器　烟囱　罗经平台　起飞状态位置　着舰时的跳板位置　垂直起飞

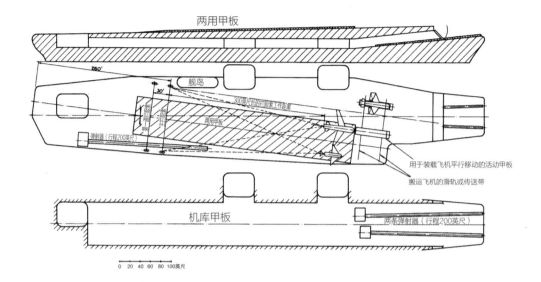

上图中的标注文字：
两用甲板
舰岛
260'
30'
300英尺的正面重叠工作距离
两用甲板
弹射器（行程200英尺）
用于装载飞机平行移动的活动甲板
搬运飞机的滑轨或传送带
机库甲板
两条弹射器（行程200英尺）
0 20 40 60 80 100英尺

上图：为了改善弹性甲板的作业效率，还出现了带有斜向甲板的航空母舰设计。上图为20世纪50年代初期的一种结合了斜向降落甲板的双层甲板航空母舰概念，下层甲板为机库兼起飞甲板，甲板的中、后段为机库，前段为设有弹射器的起飞甲板；上层甲板则有2条，1条是沿着舰体中轴的普通钢制甲板，另1条是朝向右舷外侧、设有弹性甲板的降落用甲板，降落到弹性甲板上的飞机制动停止后，可利用弹性甲板前端的拖车与轨道就近搬移到左边的直线甲板上，借此可减少飞机拖曳移动的距离与时间。这个设计方案还有一个十分特别之处：舰岛设置在左舷，而非设于右舷，通过这种设计可让弹性甲板朝向右舷外侧，当降落飞机进行五边绕行进场时，最后一个从航空母舰左舷进入的左转弯，可以只转170°，而不是原本的190°。（英国国防部图片）

板前方设置1组尼龙拦阻网，利用尼龙拦阻网将甲板分隔为两个区域。执行降落作业时，先把尼龙拦阻网放倒，当降落的飞机在弹性甲板上停止滑动后，甲板人员迅速将1条钢缆挂到飞机鼻端的环上，以绞车将飞机往前拖、通过放倒的尼龙网后，尼龙网随后便升起以发挥拦阻作用。通过尼龙拦阻网可防止后续降落的飞机撞上第1架降落的飞机，故可以提高降落回收飞机波次的间隔，不过降落后的无起落架飞机仍然必须搬到拖车上才能在甲板上移动，所以这种方式没有改善无起落架飞机甲板调度作业迟缓的问题。

能够根本解决问题的方法，是将弹射甲板与降落甲板分离、使弹射起飞与降落回收作业彻底隔开。实现这个目的的方式有2种，第1种是采用双层甲板的设计，类似皇家海军20世纪30年代改造的"暴怒"号航空母舰（HMS Furious）、"勇敢"号航空母舰（HMS Courageous）与"光荣"号航空母舰（HMS Glorious），或是日本海军早期的"赤城"号与"加贺"号等多层甲板航空母舰，飞行甲板分为上下两层，上层为设置了弹性甲板的降落用甲板，下层则为起飞用甲板。由于起飞甲板与降落甲板完全分离，所以弹性甲板的降落作业不会影响起飞作业效率。

第2种概念是双层甲板加上斜向降落甲板。这种设计同样分为上下两层甲板，下层甲板即为机库甲板，在这层甲板前端设有弹射器，可以在机库中直接弹射起飞。上层甲板则设有1条朝向左舷外侧、铺设了弹性甲板的斜向降落甲板，所以这便在上层甲板的前端形成了2条甲板——1条是朝向左舷的降落用弹性甲板，另1条是沿着舰体中轴线的直线甲板，2条甲板以大约8度的夹角隔开。

构想出这种斜向降落甲板与直线甲板彼此紧临的设计，目的在于大幅缩短将降落飞机从弹性甲板上拖离的距离。对于配备弹性甲板的传统直线甲板航空母舰来说，当飞机降落到飞行甲板后端的弹性甲板上后，必须利用绞车将飞机往前拖曳至少150英尺距离，才能将飞机拖到弹性甲板前端边缘待命的拖车上，光是牵引作业就至少要花15秒时间。而改用斜向降落甲板结合直线甲板的设计后，降落到斜向甲板上弹性甲板区域的飞机，只需往左侧或右侧挪动很短的距离，就能离开弹性甲板区域、移动到紧临的直线甲板上，大幅缩短了将飞机拖离降落甲板的时间。虽然出发点不同，不过这个结合弹性甲板的斜向甲板构想，和后来的斜角甲板只有一步之遥。

弹性甲板概念的消亡

1951—1952年间诞生了更有效率的斜角甲板概念，皇家海军与美国海军对弹性甲板的兴趣也迅速降低，前述种种关于改善弹性甲板作业效率的构想，没有一个能进入海上试验阶段。最后一次解决弹性甲板问题的尝试是在1952年，由皇家飞机研究所针对英美2国海军共同实施的，这次尝试了在飞机机腹设置可收放的"滑行轮"（taxiing wheels）设计，当飞机降落并利用绞车拖离弹性甲板后，便可放下这组滑行轮自行移动，从而省略将飞机放上拖车的程序，只需利用吊臂吊放或绞车拖曳让飞机离开弹性甲板区域后，就能直接移动飞机，不再需要拖车的帮助。这组滑行轮只能在甲板上移动，比起必须承受降落负载的正规起落架，构造相对简单许多，不过这也让"无起落架"概念大打折扣，而且这种只用于移动、而不能用于降落的滑行轮不仅会增加重量与复杂性，也得不到操作人员的认同。

最后皇家海军的弹性甲板试验在1954年终止，美国海军也在稍后的1955年结束了相关试验。虽然弹性甲板概念没有进入实用化，不过这也是二战后针对如何更好地在航空母舰上操作喷气式飞机所做出的首个新概念尝试，并由此促生了斜角甲板概念，是现代航空母舰发展历程中不能忽视的一个环节。

上图：丹尼斯·康贝尔，斜角甲板概念的创始者，也是英国皇家海军资深飞行员、并担任过航空母舰指挥官，这张图片是在"皇家方舟"号航空母舰上所拍摄的，他在1960年退役前的最终军阶是少将。（英国国防部图片）

构想的替代方案，也就是"斜角甲板"（Angled Deck）。

斜角甲板概念的诞生

1951年8月7日，康贝尔在他的办公室主持了一场会议，讨论皇家海军是否应发展具备操作无起落架飞机能力的航空母舰，负责领导弹性甲板发展工作的波丁顿亦出席了会议，康贝尔在会议中首次提出斜角飞行甲板构想。

康贝尔本人是海军飞行员出身，曾担任过803中队指挥官、"荣耀"号航空母舰（HMS Glory）航空指挥官，后来还出任1955年服役的新一代"皇家方舟"号航空母舰首任舰长，当他还在第一线飞行时，曾有在"皇家方舟"号、"百眼巨人"号（HMS Argus）等多艘航空母舰上驾机起降的经验。

按康贝尔对当天会议的回忆："主持这种会谈是我的工作。我在吃午餐三明治的时候，也一边构想着几种可行方法，以协助飞机降落（航空母舰）后的搬运作业。我的办公桌上有1艘3英尺长的"光辉"号航空母舰模型，我尝试画出怎样可以安装这个疯狂的甲板，以允许（飞机）能以合理的速度依序降落。我草拟了几个想法，如降落甲板架高，然后将停机甲板放到下面，还有一些古怪的方案，但没有一个看起来是可行的。

然后我明白了，何不把甲板朝向左舷（偏转）大约10°呢？（如此）你仍然可以在（舰艏）前方甲板得到可用的停放空间，也不再需要设置尾钩未钩到（拦阻索）时紧急使用的拦阻栅网，你甚至可以在其他飞机降落的同时，让飞机弹射起飞。当然，你对于如何将飞机带离降落区仍然会有疑问，不过这只需从侧面拖带很短的距离，就能清空（降落）跑道。"

康贝尔在当天的会议中并没有立即提出他的构想。"我决定暂时保留我的想法，直到所有人都清楚认识到，若要接受弹性甲板概念，最重要的需求便在于确保甲板（飞机）停放。"但这个问题却没有简单的解决办法，于是康贝尔拿出他事先准备好的草图——向左舷偏转10度、并配有4条拦阻索的斜角甲板。向左舷外偏的斜角甲板，不仅可隔开舰艉降落区与舰艏起飞区，使其彼此互不干扰，也让同时进行起飞与着舰作业成为可能。

"我承认我这样做带有炫耀的意味，但也因为没有收到预期中的回应而愤慨，事实上，会议中的反应混合了冷漠与些许嘲讽。"不过有个人例外，那就是波丁顿。"会议结束后，他（波丁顿）要求再看一次我的草图，我记得他用铅笔草草画了几条线，显示可以让斜角甲板在左舷形成的突出角，平滑的融入主飞行甲板内。这是件小事，但一直留在我记忆中。"康贝尔在回忆录中表示，只有波丁顿一开始就认识到斜角甲板的意义与价值。

斜角甲板概念的推广

真正的突破发生在3周之后。当时波丁顿正在为新造的"皇家方舟"号航空母舰飞行甲板构型设计而苦恼。"皇家方舟"号航空母舰的姊妹舰、稍早服役的"老鹰"号航空母舰，虽然是皇家海军当时建造过的最大型的航空母舰，拥有总长超过800英尺（244米）的飞行甲板，并配备了多达16条拦阻索与3种不同形式的拦阻网，但也只能应付第1代的直线翼喷气式飞机，不足以应对即将服役、重量更重、速度也更快的新型喷气式飞机。

受限于经费与既定的基本设计，延长飞行甲板是不可行的，况且就算是比"皇家方舟"号航空母舰更大、全长达968英尺（295米）、当时世界最大的美国海军"中途岛"级航空母舰，也依旧无法妥善应对操作新1代喷气式飞机的问题。皇家海军曾尝试过其他变通方法，如将拦阻索与拦阻栅网往舰艏方向前移，以增加降落缓冲距离，但这又会造成舰艉可用甲板空间过小，如"勇士"号航空母舰在1952—1953年间做了这样的改装后，由于在拦阻网之后（靠舰艉方向）设有2条拦阻索，以致大幅压缩了舰艉甲板可用的停机空间，甲板停机数量就被限制在只有12架。

问题的根源在于传统直线形甲板加上拦阻索／拦阻网的配置已不敷使用，若要满足日后的操作需求，需要的是一种创新的降落方法，而康贝尔提出的斜角甲板构想正好给了波丁顿新的启发。

1951年8月28日，波丁顿写了一封信给海军造船部副总监巴特立特（Bartlett），同时也送了一份副本给康贝尔。波丁顿在信中提出为"皇家方舟"号航空母舰配置斜角甲板的设计草案，并指出如果斜角甲板足够朝向左舷，则任何降落的飞机若没有成功钩到拦阻索而冲过头，将可加速再次起飞，然后重新尝试一次降落程序。

于是斜角甲板的基本原理与效益，至此获得了完整的阐明。要让飞机安全着舰，同时确保飞机着舰失败不会危及停放在飞行甲板上的其他飞机，最理想的方式便是把着舰区域与飞机停放区域彻底隔离，至于隔离的方式可以是前后隔离，也可以是左右隔离。

前后隔离是把直线形的飞行甲板分为前、后两个区域，后段用于着舰，前段用于停放飞机，两个区域之间通过拦阻栅网隔开。但如同前面提过的，考虑到喷气式飞机重量愈来愈重、降落速度愈来愈快的趋势，所带来的着舰区域长度日渐提高的需求，除非飞行甲板的长度足够（例如1000英尺），否则没办法在确保舰艉着舰区长度的同时，仍保有充分舰艉停放区空间。

左右隔离则是把着舰区与停放区左右并排设置，也就是一种降落跑道与停放／起飞跑道双跑道并排的概念，如此可确保两个区域都有足够的长度，但这又会造成舰体舷宽增加到无法

接受的程度。

　　而斜角甲板这个概念，能巧妙解决如何隔离着舰区域与飞机停放区域的问题，通过让着舰跑道的方向从舰体中轴线往左舷旋转几度，成为朝向左舷外侧的斜角甲板，降落的飞机不再是往舰艏方向进场，而是改向左舷外侧进场着舰，因此不会与停放在舰艏甲板区域的其他飞机冲突，自然达到了让降落区与舰艏起飞区或停放区彼此隔离的效果，但舰体的长度与水线宽度并不需要增加。

　　此外，朝向左舷外侧的斜角降落甲板前端没有任何阻碍，为进场的飞行员提供了完全净空的降落跑道，着舰的飞机即使错过了所有拦阻索，只需拉起飞机、从斜角甲板前端便能再次复飞。

　　通过斜角甲板的设计，在飞行甲板前端与右舷创造了一个不受降落作业干扰、面积也有效扩大的可用空间。当斜角甲板进行降落飞机回收作业的同时，舰艏或右舷区域仍可正常地进

直线形甲板与斜角甲板对比

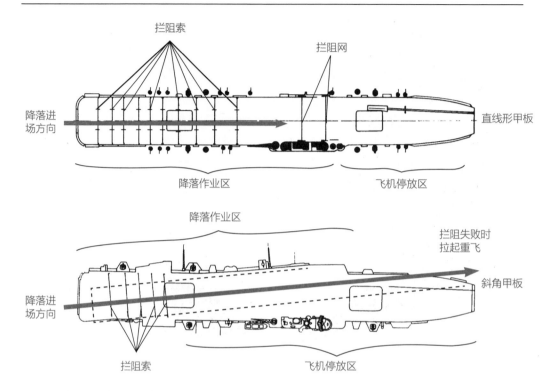

上图：图为英国皇家海军"庄严"级（Majestic）航空母舰原始直线形甲板构型，以及改装斜角甲板后的构型对照，从中可以看出斜角甲板的巨大效益。

对于直线形甲板来说，舰载机降落进场方向，与舰艏用于停放、调度飞机与弹射起飞的区域为同一轴向，为了避免降落的飞机因拦阻失败而撞上停放于舰艏甲板的其他飞机，必须尽可能多地设置拦阻索，并在舰艏与舰舯甲板之间配置多道拦阻网作为最后的防护，但也导致降落作业区占去将近2/3甲板长度，大为压缩了甲板前端可用空间。而且降落飞机一旦没有钩上任何一条拦阻索，就只能通过拦阻网强制让飞机制动停止，存在着损及飞行员安全与机体结构的隐患。如果要确保绝对的安全，让拦阻失败的飞机有重新拉起复飞的机会，便得清空整个飞行甲板，然而这也会严重制约飞行甲板运作效率。

但是只要把降落甲板略为朝向左舷外偏几度，成为斜角式的降落甲板，就能让飞机降落进场方向，与舰艏区域彼此错开，如此一来，降落作业不仅不会影响到舰艏甲板区域的运作，也会在飞行甲板右舷额外空出一块便于飞机停放与调度的三角区域，无形扩展了甲板可用空间。而对于降落飞机来说，由于是沿着朝向左舷外侧的斜角甲板进场的，斜角甲板前端没有任何障碍物，即使没有钩到拦阻索，也能拉起重新进场，不再需要使用拦阻网强制制动（除非遇到降落飞机无法进行正常拦阻的紧急情况），也可大幅减少甲板上需要的拦阻索数量。

一般来说，8°～10°的斜角甲板效果较好，能兼顾降落作业与扩展甲板可用面积的需求，但即使是只有5°～6°小幅偏转的斜角甲板，也能发挥相当程度的效果，还可把从直线型甲板改为斜角甲板需要的改装作业降到最低——甲板构型不需太大变动，只需重漆飞行甲板上的标线、调整拦阻索的安装角度，并让飞行甲板左舷外侧稍微向外扩张即可，因此斜角甲板可说是一项耗费小、但收益极大的航空母舰航空设施新发明。（英国国防部图片）

行弹射起飞或甲板调度作业。斜角甲板与舰艏甲板合计的可用飞行甲板面积大幅超过了舰体长度相同的直线形甲板。

因此引进斜角甲板后，降落作业安全性和飞行甲板可用空间与运作效率都可大幅提高。航空母舰舰体的水线长度或宽度都不需要增加，只需把降落甲板往左舷外倾一个角度，并且把这个斜角甲板的前端适当地延伸、外张到左舷外侧即可，可说是一个耗费小、但收益非常大的创造性构想。

"我经常在想，如果我们的角色颠倒会怎么样——正因我是一个有经验的航空母舰飞行员，所以能想出根本的新理论；而路易斯（即波丁顿）是个科学家，所以能提出让它（斜角甲板）立即投入应用的提案。"康贝尔做了这样总结。

首次斜角甲板试验

确立了斜角甲板概念后，接下来的问题便在于说服海军部委员会（Board of Admiralty）接受。

在波丁顿写了那封关键信件后不久，两年一度的范堡罗航空展于同年9月展开。这次航空展中，一个不寻常之处在于有特别多的美国访客，包括一个由美国海军库姆斯（Thomas Coombs）中将率领的代表团。

按照惯例，英国海军部与美国海军代表团之间进行了礼貌性的会谈，简短交换关于双方未来发展的讯息。在会谈中，康贝尔再次提起斜角甲板构想，而美国访客们的反应与康贝尔首次提出斜角甲板概念时他的英国同僚们大不相同，按照康贝尔的回忆："他们（美国海军官员）话说得不多……不过他们明显彼此交换了眼色。几周以后我们听说……美国海军已计划在'中途岛'号航空母舰上进行斜角甲板的预备试验。"

在英国方面，康贝尔与波丁顿也展开合作，共同推动将斜角甲板构想付诸实际的试验。在他们的催促下，皇家飞机研究所经过1952年2月的进一步讨论后，同意在当时被作为训练舰使用的"凯旋"号航空母舰（HMS Triumph）上进行斜角甲板右图：1952年2月进行史上首次斜角甲板试验的"凯旋"号航空母舰，可见到该舰在后段飞行甲板漆上了左倾10°的斜角降落区，不过拦阻索与拦阻网并没有从原来的直线甲板中线位置，改挪到斜角甲板上，所以只能进行进场与触舰复飞试验，而不能真正将飞机制动停止在斜角甲板上。尽管如此，这一系列试验仍证明了斜角甲板的价值。（英国国防部图片）

试验。

　　这次试验并没有对"凯旋"号航空母舰进行太多改造，只是在后段飞行甲板漆上了左倾10度的斜角降落区，拆除了一些左舷边缘障碍物，并卸除原本设在直线甲板中线位置的拦阻索与拦阻网，所以顶多只能进行触舰复飞（Touch-and-Go）试验，而不能真正地让飞机制动停止在这个斜角甲板上。实际上，由于怀疑临时漆上的斜角甲板长度不够，所以"凯旋"号航空母舰也没有进行实际着舰滑行然后重飞的试验，而只是低空进场通过斜角甲板上空而已，尽管如此，"凯旋"号航空母舰在同年2月中旬展开的一系列斜角甲板降落进场试验，仍获得极大的成功，参与试验的飞行员们反映极为热烈，于是紧接着在3月又于"光辉"号航空母舰上进行进一步测试。

　　一系列测试证明，斜角甲板可有效改善喷气式飞机着舰安全性，还有大幅提高航空母舰作业能力的作用，不仅可让舰艏起飞与舰艉降落作业互不干扰，还可在舰艏、斜角降落区与右舷间形成一块三角停放区，能在不影响起飞与降落作业的情形下用于停放与调度飞机。海军空战总监（DAW）在1952年便指出，通过增设斜角甲板，可让2万吨级的"竞技神"号航空母舰（HMS Hermes）具备与3.3万吨级、但采传统直线形甲板的"老鹰"号航空母舰同等的作业能力。

由于测试十分成功，加上美国海军也开始进行同样的试验，终于促使英国海军部同意考虑在新1代航空母舰设计上，应用斜角甲板这种新构型。不过由于政策上的延宕，加上经费限制，皇家海军在斜角甲板的实际应用上反而落后于美国海军。

斜角甲板的
应用与普及

英国皇家海军的斜角甲板概念，很快就传入美国海军并得到发扬光大，让斜角甲板迅速进入实用化与全面普及。

斜角甲板传入美国海军

核打击能力的发展，虽然在二战后一度占据了整个美国海军政策与技术发展的重心，不过远东半岛战事的爆发，重新唤起美国海军对于航空母舰传统打击力量发展的重视，而喷气式飞机的航空母舰操作问题，成了美国海军关注的重点之一。

尤其是战争中舰载喷气战机的降落作业高事故率问题，更让美国海军苦恼不已，举例来说，光是战争爆发后的头两个月（1950年7—8月），赶赴战区参战的2艘美国海军"埃塞克斯"级航空母舰——"福吉谷"号（USS Valley Forge CV 45）与"菲律宾海"号航空母舰（USS Philippine Sea CV 47）所属F9F喷气战机中队，就发生了35起着舰事故。改善喷气式飞机航空母舰作业安全性，已是刻不容缓。

于是海军航空局局长普莱德指示位于马里兰帕图森河海军航空站的海军航空测试中心，针对如何右图：战争结束后头2个月，部署在战区内的2艘"埃塞克斯"级航空母舰所属F9F中队就发生了35起降落事故，迫使美国海军正视喷气式飞机的航空母舰降落事故率过高问题，这也成为引进斜角甲板的契机。图片为战争期间在"埃塞克斯"级航空母舰上降落的F9F"豹"式战机。上面这张图片可以清楚看出传统直线形甲板的缺陷，若着舰中的那架F9F"豹"式战机未能及时通过拦阻索或拦阻网制动停止，就会一头撞上前端甲板停放的其他F9F"豹"式战机。（美国海军图片）

在航空母舰上更安全地操作喷气式飞机展开研究。普莱德已拒绝支持弹性甲板方案，不过斜角甲板概念的适时出现，为美国海军提供了现成的解决方案。

相较于备受普莱德抵制的弹性甲板，斜角甲板很快便被接受。事实上，海军航空局在20世纪30年代的"飞行甲板巡洋舰"（Flight-Deck Cruiser）设计中，就曾有过类似构想。

在二战时期，英、美两国海军便有很紧密的联系，皇家海军在战后仍旧继续向海军航空局派遣联络官，英国技术专家也与美国同行们密切接触。例如美国海军就在1948年11月，向皇家海军提供了全套的"合众国"号航空母舰甲板设计资料、全套的"中途岛"级航空母舰设计图，以及用于搭配大型舰载机的拦阻索套件资讯。

当美国海军代表团在1951年9月举行的范堡罗航空展中从皇家海军的康贝尔处得知斜角甲板概念后，立即便对这个构想产生了兴趣。在皇家海军试飞员艾瑞克·布朗的回忆录《我装上了翅膀》（*Wings of My Sleeve*）中提到，当他在1951年夏天奉命前往美国、成为美国海军航空测试中心的试飞员时，也被上级要求："（为我们）详细说明这种航空母舰甲板降落的革命性新想法（即斜角甲板）。"

不过，布朗向美国海军引介的斜角甲板概念，却未能立即得到美国同行们的认可。二战时著名的俯冲轰炸机飞行员、当时在华盛顿海军作战部长办公室（OpNav）服务的布埃尔（Harold Buell）中校指出[1]，布朗提倡的斜角甲板之所以未在海军航空测试中心内立即获得支持，是由于"布朗所提的斜角甲板只有4度斜角，这将会严重制约执行飞行作业时，飞行甲板上（允许停放）的飞机数量……，但这个想法激发了更进一步的构想，将斜角增加到8度……（最后）决定对这个概念进行进一步测试。"

美国海军选上的试验平台是"中途岛"号航空母舰。"中

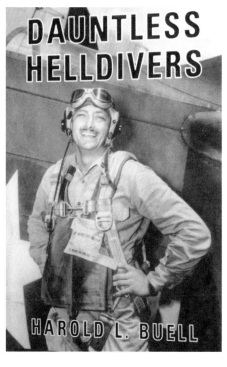

上图：哈洛德·布埃尔是二战时期最著名的航空母舰飞行员之一，也是美国海军内率先倡导采用斜角甲板的人。照片为布埃尔自传《太平洋之翼：一名俯冲轰炸机飞行员的亲身经历》（*Dauntless helldivers*）的书影。（知书房档案）

[1] 哈洛德·布埃尔可说是当时世界上实战经验最丰富的航空母舰飞行员之一，他于1940年12月进入美国海军航空队服役，是史上唯一参与了太平洋战争中全部5场航空母舰对航空母舰海战——珊瑚海、中途岛、东所罗门、圣克鲁兹，以及菲律宾海海战——最后又能生还的飞行员（包括美日双方），他先后在3支俯冲轰炸机中队与4艘航空母舰上服役，执行了超过125次战斗任务。

途岛"号航空母舰的斜角甲板预备试验在1952年5月26日—5月29日进行，与英国在"凯旋"号航空母舰上的试验相似，"中途岛"号航空母舰也只是在飞行甲板后段漆上斜角降落区，拦阻索与拦阻网仍位于原来的直线甲板中线位置，但已足以证明斜角甲板的功效。

斜角甲板的实用化

基于在"中途岛"号航空母舰上成功的初步测试经验，美国海军决定紧接着进行"真正的斜角甲板"试验，将太平洋预备役舰队中的"安提坦"号航空母舰改装为斜角甲板试验舰。

"安提坦"号航空母舰于1952年9—12月入坞完成改造，最初打算采用8度斜角甲板，后来改为10.5度斜角，并在左舷飞机升降机后端，也就是斜角甲板前端位置，增设一个由覆盖了软钢的木质甲板所构成的三角形外张甲板构造。

除了增设斜角甲板以及相对应的左舷外张结构外，"安提坦"号航空母舰还重新调整了拦阻索布置角度，略向右斜以配合斜角甲板中线位置。至于位置恰好在增设斜角甲板前端的左舷舷侧升降机，则被锁定在顶部位置，以免妨碍斜角甲板运作。"安提坦"号航空母舰在这次改装中并没有安装正规的拦阻网，不过如果发生飞机尾钩故障或其他事故，可在2分钟内搭起1组紧急拦阻网来对应。

紧接着在1953年1月，搭载着第8舰载机大队（CAG 8）的"安提坦"号航空母舰成功完成了海上试验，在关塔那摩湾（Guantanamo Bay）的训练中，第8舰载机大队只花了2个多月时间，便学会了如何适应新构型甲板。

1953年初调任第84战斗机中队（VF-84）指挥官、带领F9F-5"豹"式喷气战机机群参与这次训练的布埃尔中校评论道："身为一名经验丰富的海军飞行员（Tailhooker），驾着喷气式飞机降落在斜角甲板上是种至高的享受（Sheer Bliss）。"

在1953年1月12日—1月16日的试验中，第8舰载机大队在

"安提坦"号航空母舰上一共完成了超过500次（包括日、夜间）以及6种喷气动力与螺旋桨推进机型的降落作业，而未发生任何事故。

初步试验告一段落后，作为对英国分享技术的回报，"安提坦"号航空母舰在1953年5月横渡大西洋来到英国，于6月底至7月初间配合英国皇家海军进行了斜角甲板降落试验。皇家海军以"攻击者""海鹰"等喷气式飞机战机，以及韦斯特兰（Westland）"翼龙"式（Wyvern）攻击机，在"安提坦"号航空母舰上进行了64次触舰复飞与19次拦阻着舰试验，让皇家海军也同步体验了真正的斜角甲板操作。

斜角甲板航空母舰的诞生

到了这个阶段，已没有任何人怀疑斜角甲板的价值与必要性。

当"安提坦"号航空母舰于1953年初来到英国时，康贝尔与波丁顿也被特别邀请登舰参访，舰上的官兵向这两位斜角甲板概念创始者汇报了所有他们关心的议题。而这次成功的访问，也促使英国海军部决定立即对既有航空母舰展开改装斜角甲板的动作。

被皇家海军列入第一艘改装斜角甲板的航空母舰，是当时刚完工、正在进行试航的"半人马座"号航空母舰（HMS Centaur）。为了节省经费、并加快工程进度，"半人马座"号航空母舰只采用5.5度的斜角甲板，而非康贝尔理想中的10度斜角甲板。

斜角甲板的角度愈小，则斜角降落区在整个飞行甲板中所占比例也愈大，将导致剩余可用甲板面积减少，从而影响到甲板操作与调度效率。不过角度较小的斜角甲板，在左舷形成的突出外张结构也愈小（甚至不需增设左舷外张结构），有助于减少需要的工程量，对飞行员降落作业的冲击也较小（航空母

本页图："埃塞克斯"级航空母舰中的"安提坦"号，是世界上第1艘配备真正斜角甲板的航空母舰。该舰与后来接受SCB 125工程改装斜角甲板的另外14艘"埃塞克斯"级航空母舰不同，这14艘"埃塞克斯"级航空母舰在进行SCB 125改装前，都先接受了SCB 27工程，强化了飞行甲板与飞行支援设施、增设H8液压弹射器或C 11蒸汽弹射器，并移除了舰岛前、后的5英寸炮，而后在SCB 125工程中，这14艘"埃塞克斯"级航空母舰不仅增设了斜角甲板，舰艏也改成封闭式的风暴艏。而"安提坦"号航空母舰则从未接受SCB 27或SCB 125工程，虽然配备了斜角甲板，但仍保留开放式舰艏，以及原始的5英寸炮配置，在"埃塞克斯"级航空母舰中是个特殊的存在。图片为改装斜角甲板后的"安提坦"号航空母舰。（美国海军图片）

舰航行方向与斜角甲板中线差距小，飞行员驾机降落时更容易对正斜角甲板中线）。

由于改装5.5度斜角甲板牵涉的工程量不大，无须改动飞行甲板结构，仅需在左舷增设一小段外张结构、移除左舷防空炮、调整拦阻设备安装角度，并重漆甲板涂装即可。"半人马座"号航空母舰很快便于1954年2月改装完成并重新投入服役，成为皇家海军第1艘配备斜角甲板的航空母舰。

斜角甲板的普及

继"半人马座"号航空母舰后，该舰仍在建造中的2艘姊妹舰"海神之子"号航空母舰（HMS Albion）与"堡垒"号航空母舰（HMS Bulwark），也都临时变更设计，纳入5.5度斜角甲板，并分别于1954年5月与11月服役，其中进度较快的"海神之子"号航空母舰，也成为世界上最早在建造阶段便纳入斜角甲板的航空母舰。

同样地，在卡梅尔·莱德（Cammell Laird）船厂中将近完工的"皇家方舟"号航空母舰，也临时变更飞行甲板设计，增设5.5度斜角甲板，并于1955年2月正式服役。至于"皇家方舟"号航空母舰的姊妹舰"老鹰"号，则在1954—1955年返港大修期间配置了5.5度斜角甲板。下一艘接受改装的皇家海军航空母舰，是曾担任弹性甲板试验舰的"巨人"级（Colossus Class）航空母舰"勇士"号，在1955—1956年间进行了包括增设5.5度斜角甲板在内的修改工程。

除前述6艘皇家海军航空母舰外，后来还有4艘转卖给其他国家的前英国航空母舰，也采用了类似的4度至5.5度斜角甲板配置，依改装后服役时间顺序，分别为澳大利亚海军的"墨尔本"号航空母舰〔HMAS Melbourne，前英国"庄严"级航空母舰"庄严"号（HMS Majestic）〕、加拿大海军"邦纳文彻"号航空母舰〔HMCS Bonaventure，前英国"庄严"级航空母舰"有力"号航空母舰（HMS Powerful）〕、法国海

军"阿罗芒彻斯"号航空母舰〔Arromanches，前英国"巨人"级航空母舰"巨像"号（HMS Colossus）〕、印度海军的"维克兰特"号航空母舰〔INS Vikrant，前英国"庄严"级航空母舰"力士"号（HMS Hercules）〕，除"阿罗芒彻斯"号航空母舰是在服役10年后才在大修中改装4度斜角甲板外，其余3舰都是在建造工程中纳入5.5度斜角甲板配置，一服役便配有斜角甲板。

虽然小角度斜角甲板工程简便、成本效益颇高——能发挥斜角甲板功效，改装或变更设计所需时间不多，费用相对不高，但毕竟无法充分发挥斜角甲板的效用，仅被视为"过渡型"（Interim）斜角甲板，与8～10度斜角的"完整"斜角甲板仍有差距，因此后来皇家海军又为几艘航空母舰改装了更大角度的斜角甲板。

如"半人马座"级航

空母舰的4号舰"竞技神"号，该舰建造时间比其他3艘姊妹舰晚许多（虽然1944年6月便开工，但工程一度中断，拖延到1953年2月才下水），有机会吸收前几艘航空母舰改装工程的经验与教训。"竞技神"号航空母舰的斜角甲板被改为6.5度，以避开舰艏方向从右舷5度到左舷20度间的气流干扰，由于斜角甲板较姊妹舰多了1度，又增设1部左舷舷侧升降机，导致该舰的左舷外张结构比同级舰大了许多。1959年11月才服役的"竞技神"号航空母舰是皇家海军第4艘，也是最后1艘服役时便设有斜角甲板的英国海军航空母舰。

　　但"竞技神"号航空母舰的6.5度斜角甲板仍不算是理想配置，皇家海军第一艘配有"完整"斜角甲板的航空母舰，是1950年10月便入坞进行大规模重造工程的"胜利"号航空母舰（HMS Victorious）。海军造船总监（DNC）于1953年10月批准对"胜利"号航空母舰改装8.5度的斜角甲板，由于改装工程规模大，"胜利"号航空母舰的现代化工程直到1957年年底才完工，并于1958年1月重新服役。

　　接下来拥有完整斜角甲板的英国航空母舰是"老鹰"号，在1959—1964年的大修中也改装了8.5度斜角甲板。"皇家方舟"号航空母舰则一直等到十多年后于1967—1970年进行的大修中，才跟进改装了8.5度斜角甲板。

　　另外2艘前英国海军航空母舰——荷兰海军的"卡尔·多尔曼"号航空母舰，以及巴西海军的"米纳斯·吉纳斯"号航空母舰，也分别采用了8度与8.5度斜角甲板，特别的是这2艘航空母舰分别是由荷兰威尔顿费吉诺（Wilton-Fijenoord）船厂与鹿特丹福尔默船厂（VDSM）负责改装的，不像前述各舰由英国船厂改装。

美国海军的斜角甲板航空母舰

　　继试验性质的"安提坦"号航空母舰后，美国海军接下来所有新造航空母舰都采用了斜角甲板，同时也为部分已服役航

对页图："半人马座"级航空母舰首舰"半人马座"号航空母舰，是同级航空母舰中唯一依照原始直线形甲板设计建造完工的，该舰在完工试航后，马上便被皇家海军选为首艘配备斜角甲板的航空母舰。左为完工试航中的"半人马座"号航空母舰，仍为直线形甲板构型，右为改装了斜角甲板后的"半人马座"号航空母舰，为了降低修改工程量，半人马座采用的是只有5.5度夹角的斜角甲板，可见到飞行甲板上漆上了朝向左舷外侧的斜角降落跑道，拦阻索数量减少了一半并重新排列方向，左舷也略为向外扩张。

（英国国防部图片）

现代航空母舰的三大发明
斜角甲板、蒸汽弹射器与光学着舰辅助系统的起源和发展

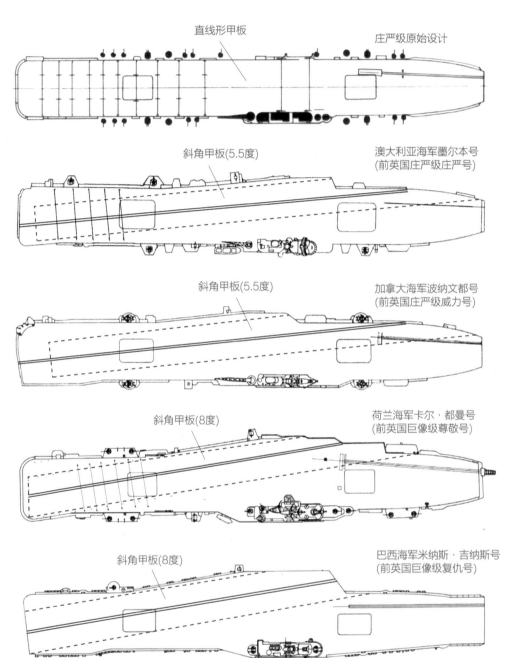

直线形甲板

庄严级原始设计

斜角甲板(5.5度)

澳大利亚海军墨尔本号
(前英国庄严级庄严号)

斜角甲板(5.5度)

加拿大海军波纳文都号
(前英国庄严级威力号)

斜角甲板(8度)

荷兰海军卡尔·都曼号
(前英国巨像级尊敬号)

斜角甲板(8度)

巴西海军米纳斯·吉纳斯号
(前英国巨像级复仇号)

空母舰改装了斜角甲板。相对于为了省钱、省工而采用5.5度斜角甲板的英国皇家海军，经费相对充裕的美国海军，一律采用10.5度的完整斜角甲板，能完全符合康贝尔的原始构想。

在新造航空母舰方面，美国海军于1953年中决定为已在建造中的"福莱斯特"级（Forrestal Class）航空母舰前2艘——"福莱斯特"号（USS Forrestal CVA 59）与"萨拉托加"号航空母舰（USS Saratoga CVA 60），引进包括斜角甲板在内的新设计，变更设计后的"福莱斯特"号航空母舰于1955年10月服役，是美国第一艘在建造时便配备斜角甲板的航空母舰。接下来服役的3艘"福莱斯特"级、4艘"小鹰"级（Kitty Hawk Class）与1艘"企业"号航空母舰（USS Enterprise CVAN 65），也都采用10.5度斜角甲板，直到20世纪70年代陆续开工的"尼米兹"级航空母舰才改为较小的9.5度斜角甲板[1]。

除新造的超级航空母舰外，美国海军在为现役"埃塞克斯"级与"中途岛"级航空母舰所进行的现代化改装工程中，也引进了斜角甲板。

1952—1957年间，一共有14艘"埃塞克斯"级航空母舰在SCB 125改装工程中增设10.5度斜角甲板（最后一艘"奥里斯坎尼"号航空母舰采用的是改进的SCB 125A构型），并陆续于1955年2月至1959年5月间完工并重新投入服役。

对页图：直线形甲板、"过渡型"斜角甲板与"完整"斜角甲板的对比。这4艘航空母舰均属于英国海军"1942年轻航空母舰计划"（1942 Design Light Fleet Carrier）中诞生的"庄严"级与"巨人"级航空母舰，可视为准同级舰，原始设计为传统的直线形甲板，但在后续建造工程中增设了斜角甲板。

由于"庄严"级与"巨人"级航空母舰各舰完工时间不同，采用的斜角甲板形式也有异。"墨尔本"号与"邦纳文彻"号航空母舰采用5.5度斜角甲板，"卡尔·多尔曼"号航空母舰〔HNLMS Kare lDoorman，前英国"巨人"级航空母舰"尊敬"号（HMS Venerable）〕与"米纳斯·吉纳斯"号航空母舰〔NAeL Minas Gerais，前英国"巨人"级航空母舰"复仇"号（HMS Vengeance）〕则为8度和8.5度斜角甲板。从图中可看出5.5度斜角甲板只需少许更改原来的直线形飞行甲板构型，改装工程量较小，但斜角降落区会一直延伸到舰艏，占去过多甲板空间，以致剩余空间不足。

而8度以上的斜角甲板，则能显著增加舰艏与舰舯右舷部位的可用空间，甲板利用效率更好，不过为了让斜角甲板拥有足够的长度与面积，须在左舷搭建出额外的外张甲板，所需工程量明显较大。

但从另一方面来看，斜角甲板的角度愈小，则斜角甲板中线与航空母舰航向（即船身中线方向）的差距愈小，更有利于降落的飞行员驾机瞄准斜角甲板中线，也可减少舰艏方向乱流的影响。反之，若斜角愈大，则降落难度也会增加。（英国国防部图片）

---

[1]　斜角甲板的斜角角度并非愈大愈好，斜角愈大，则航空母舰的航行方向与飞行员降落时所要对准的斜角甲板中线方向差距愈大，将会增加飞行员驾机对正斜角甲板中线的难度，且受飞机降落作业舰艏方向紊乱气流的影响也愈大。因此"尼米兹"级航空母舰便略微减小斜角甲板角度，不过这也会造成飞行甲板面积缩小，因此"尼米兹"级航空母舰拉长了飞行甲板长度作为弥补。

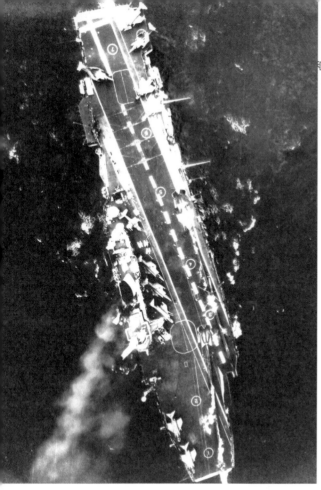

上图：1955年刚完工、配有5.5度"过渡型"斜角甲板的"皇家方舟"号航空母舰（左），以及20世纪70年代改装了8.5度"完整"斜角甲板后的"皇家方舟"号航空母舰（右）俯瞰照片对比，可看出8.5度斜角甲板时期的左舷甲板外张部分明显大了许多，在飞行甲板右舷形成的可用甲板面积也随之增大，在舰艏与靠舰岛的右舷部位多出许多可用甲板空间。（知书房档案）

　　3艘"中途岛"级航空母舰也在1954—1960年间的SCB 110/110A改装工程中，增设10.5度斜角甲板，"富兰克林·罗斯福"号与"中途岛"号航空母舰为SCB 110构型，"珊瑚海"号航空母舰（USS Coral Sea CVA 43）为改进的SCB 110A构型[1]。后来"中途岛"号航空母舰又在1966年开始的SCB 101.66现代化工程中，将斜角甲板进一步扩大为13.5度，并采用类似"珊瑚海"号航空母舰SCB 110A现代化工程的舷侧升降机配

[1] SCB 110与SCB 110A改装工程主要差别在于飞机升降机与斜角甲板构型不同，SCB 110构型采用1部舰艏舷内升降机与2部舷侧升降机，且左舷升降机位于斜角甲板前端，这种配置所需修改工程较小，但舷内升降机与左舷升降机都会妨碍到甲板运作；SCB 110A构型的3部升降机全部采用舷侧配置，左舷升降机后挪到斜角甲板后方，配置更为理想，不过改装工程规模更大。

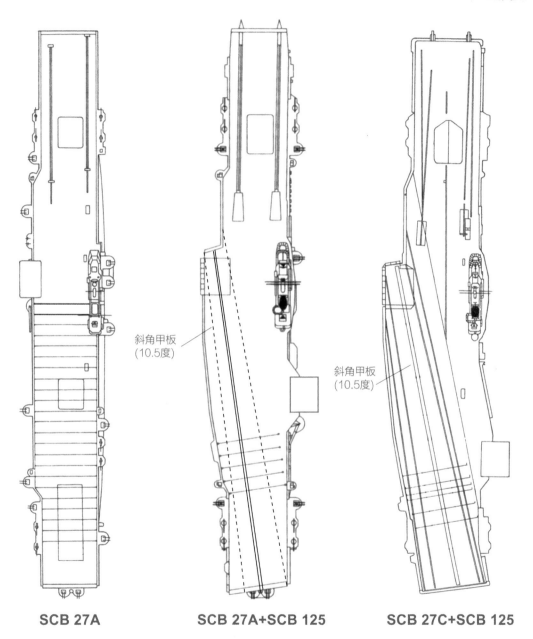

SCB 27A　　　　**SCB 27A+SCB 125**　　　　**SCB 27C+SCB 125**

斜角甲板
(10.5度)

斜角甲板
(10.5度)

上图："埃塞克斯"级航空母舰改装斜角甲板前、后的对比。上为SCB 27A改装后的构型，中为SCB 27A+SCB
125改装构型，下为SCB 27C+SCB 125构型。可清楚看出增设斜角甲板后，所需的拦阻设备数量大幅减少，并可
在斜角降落区与舰艏之间形成一块不受起降作业干扰的三角形飞机停放区。（美国海军图片）

CV 41 USS Midway

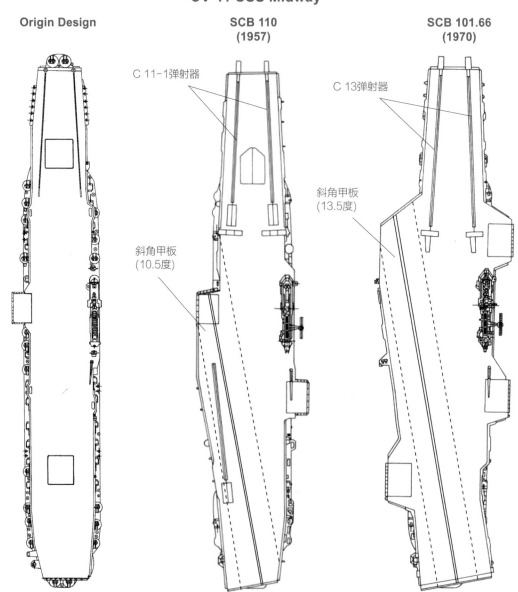

Origin Design

SCB 110
(1957)

SCB 101.66
(1970)

C 11-1弹射器

C 13弹射器

斜角甲板
(10.5度)

斜角甲板
(13.5度)

置，是历来斜角角度最大的一种斜角甲板配置[1]。

值得一提的是，随着英、美两国海军共同接受了斜角甲板概念，两国海军也统一了斜角甲板的称呼。英国皇家海军最初使用"偏斜甲板"（Skew Deck）这个称呼，美国海军则称为"倾斜甲板"（Canted Deck），最后统一称为"斜角甲板"（Angled Deck）。

斜角甲板的附带效益

斜角甲板概念创始人康贝尔在回忆录中指出，斜角甲板不仅能提高舰载机降落安全性、提高甲板作业效率，并应对新型高速喷气式飞机的操作，还有以下优点。

（1）可减少拦阻设备数量。由于降落作业安全性更高，斜角甲板航空母舰只需配备较少的拦阻设备即可满足需求，康贝尔举例指出，"皇家方舟"号航空母舰改用斜角甲板后，只需配备4条拦阻索与1道紧急使用的拦阻网，相对地，同级采用直线形甲板的"老鹰"号航空母舰，则须配备16条拦阻索与3道拦阻网。因此采用斜角甲板后，可节省许多拦阻设备所需的重量、并空出更多可用的舰内舱室空间。

（2）由于降落意外事故频率大幅降低，航空母舰所需携带的预备用飞机与飞机零部件数量都可大幅减少，显著降低操作成本。

（3）可大幅降低航空母舰飞行组员与甲板作业人员的伤亡率，这不仅能降低操作与训练成本，也有助于提高航空母舰

对页图："中途岛"号航空母舰飞行甲板构型演变——从直线形甲板到斜角甲板。

从"中途岛"号航空母舰历次改装过程中的飞行甲板构型演变，可清楚看出斜角甲板角度大小的影响。"中途岛"号航空母舰完工时是采用传统的直线形甲板，在1955—1957年的SCB 110现代化工程中，设置了10.5度的斜角甲板，不仅可让降落回收作业与舰艇弹射作业互不干扰，也有效扩大了飞行甲板空间。

接下来在1966年开始的SCB 101.66现代化工程中，"中途岛"号航空母舰换装了更强力、但长度也更长的C 13弹射器，在飞行甲板长度不变的情形下，为了避免舰艇C 13弹射器的后端延伸进斜角甲板区域而干扰到降落作业，"中途岛"号航空母舰在这次工程中也改装了航空母舰史上斜角角度最大的13.5度斜角甲板，更大的斜角，不仅可让斜角甲板避开舰艇的弹射作业区，还有效扩大了飞行甲板面积，不过这也带来飞机降落操作难度提高、舰体顶部过重、稳定性降低等副作用。所以斜角甲板的角度也不是越大越好。（美国海军图片）

---

[1] "中途岛"号航空母舰之所以配备角度这样大的斜角甲板，主要是SCB 101.66现代化工程中在舰艇配备了新型的C 13弹射器所致，C 13弹射器的长度比起该舰舰艇原先配备的C 11 Mod.1弹射器长了25英尺（265英尺对240英尺），弹射器后端将会更往飞行甲板后端延伸。为了避免弹射器后端部分延伸进斜角甲板区域，以致干扰到斜角甲板作业，加上又为了保有足够的斜角甲板长度，"中途岛"号航空母舰只能扩大斜角甲板的外斜角度。然而高达13.5度的斜角甲板，虽然让"中途岛"号航空母舰的舰艇弹射器与斜角甲板彼此避开、互不干扰，还扩大了可用甲板面积，但也增加了飞行员降落着舰的难度，扩大的飞行甲板也带来了重心升高、稳定性较低的副作用。

右图：斜角甲板是二战后航空母舰技术最重要的发明之一，其效益从这2张"埃塞克斯"级航空母舰图片的对比便可清楚看出，上为未改装时，仍维持直线形甲板的"奥里斯坎尼"号航空母舰，下为改装了斜角甲板的"汉考克"号航空母舰。上面这张图片中，若着舰中的这架F2H"女妖"战机没有成功地通过拦阻索或拦阻网制动停止，就会一头撞上前端甲板停放的其他飞机，为确保安全，进行降落作业时最好清空甲板，但这也严重制约了飞行甲板的运作效率；而下方图片中，当改用斜角甲板来回收着舰飞机后，即使飞机没有钩到拦阻索，也可直接从斜角甲板前端拉起飞离母舰，舰艏与甲板右舷仍能停放飞机或进行其他作业，而不会妨碍到降落作业。（美国海军图片）

乘员的信心与士气。

（4）可在甲板上增加额外的停放空间，提高航空母舰在不同风速与风向下作业时的弹性，更容易且更迅速地进行甲板飞机处理作业等。

自斜角甲板概念在20世纪50年代初期提出并获得应用后，经过半个多世纪以来，一直是航空母舰上操作高性能喷气式飞机不可或缺的一项配备。

第**3**部

蒸汽弹射器的发展

★★★★★

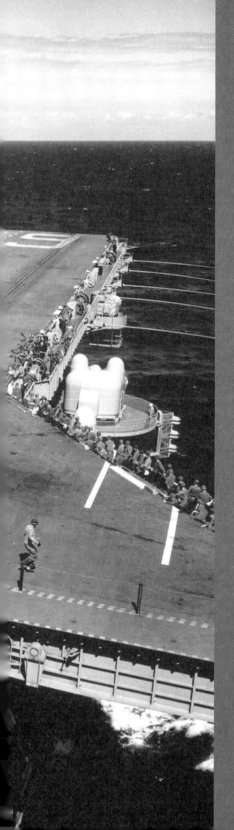

蒸汽弹射器的诞生

如同第2章提到的，喷气式飞机的起飞速度需求远高于螺旋桨飞机，若不依靠外力辅助，绝大多数喷气式飞机都无法从甲板长度有限的航空母舰上起飞。

雪上加霜的是，新型喷气式飞机的重量也不断增加，远超过二战时期的螺旋桨舰载机。二战时期最大型的舰载机，起飞重量为1.3万磅至1.7万磅间，但20世纪40年代末期到50年代初期服役的新一代喷气式飞机，最大起飞重量便达到了1.6万磅到2.5万磅，3万磅级的机型也即将问世，这样大的重量已经超出当时航空母舰装备的液压弹射器性能上限。

液压弹射器达到性能极限

美国海军喷气式飞机单位在战争中遭遇的种种困难，正是传统航空母舰运作模式在喷气式飞机时代面临困境的缩影。

格鲁曼的F9F"豹"式战机，是美国海军在朝鲜半岛战事中的主力喷气战斗机，以性能规格来说，当F9F-2"豹"式战机在无外载、1.645万磅的标准离舰重量时，若能得到25节甲板风的辅助，理论上可以1450英尺的滑跑距离自力起飞。然而美国海军当时的主力航空母舰"埃塞克斯"级，飞行甲

上图：20世纪40—50年代普遍使用的液压弹射器，对于弹射推力重量比低、加速缓慢、但重量又比活塞螺旋桨飞机重得多的早期喷气式飞机，显得弹射能力严重不足。图为1949年9月在"拳师"号航空母舰上进行试验的VF-51中队所属F9F-3"豹"式战机。（美国海军图片）

板长度不过890英尺，显然没有让F9F"豹"式战机自力滑跑起飞的能力，唯有通过弹射器的辅助，才能让F9F"豹"式战机从狭小的航空母舰甲板上起飞。

问题在于，美国海军当时使用的几种液压弹射器要弹射F9F"豹"式战机这种推力重量比低、加速缓慢的早期喷气式飞机，都显得力不从心。

"埃塞克斯"级配备的H4B弹射器只有在35节甲板风条件下，才能弹射标准离舰重量的F9F-2"豹"式战机，这在现实中已经是颇不容易满足的条件，但如果换成F9F-2"豹"式战机携带炸弹时的1.9825万磅最大离舰重量，则除非能获得高达44节的甲板风，否则将无法以H4B弹射器弹射起飞，这样的条件几乎不可能在现实环境中达到。换句话说，F9F"豹"式战机在配备H4B弹射器的"埃塞克斯"级航空母舰上操作时，外载能力将受到很大的限制。

换成当时美国海军手上最强力的弹射器——"中途岛"级航空母舰配备的H4-1液压弹射器，弹射无外载标准离舰重量、与携带炸弹最大离舰重量的F9F"豹"式战机时，可将甲板风需求降到比较容易满足的25节与33节，但"中途岛"级航空母舰只有3艘，不能满足美国海军的调度需求

所以在战争中，美国海军只能以限制外载的方式，在"埃塞克斯"级航空母舰上操作F9F"豹"式战机。燃料满载、20毫米机炮炮弹满载，加上6发高速航空火箭弹（High Velocity Aircraft Rocket, HVAR）的F9F-2/-2B"豹"式战机，要以H4B弹射器弹射必须提供33节以上的甲板风，每少1节甲板风，就必须少带2发高速航空火箭弹，当甲板风只有30节时，F9F"豹"式战机就不能携带高速航空火箭弹，如果甲板风低于30节，则

下图：由于"埃塞克斯"级航空母舰早期搭载的H4B液压弹射器性能不足，当F9F"豹"式战机配备在"埃塞克斯"级航空母舰上时，外载能力与起飞重量都受到很大的限制。图为1952—1953年间搭载于"菲律宾海"号航空母舰参与战争的VF-93中队所属F9F-2"豹"式战机。（美国海军图片）

无法让F9F"豹"式战机弹射起飞。

遭遇瓶颈的液压弹射器的发展

面对既有弹射器性能不足的问题，英、美两国海军最初采取的对策，是开发更强力的液压弹射器，美国海军开发了H4液压弹射器的改良型H8，同时着手发展性能更好、专为搭配规划中的"合众国"号超级航空母舰的H9液压弹射器，英国皇家海军也发展了BH5弹射器。

H8与BH5弹射器都在20世纪50年代初期投入使用。H8弹射器是美国海军"埃塞克斯"级航空母舰SCB 27A现代化升级计划的一环，在1949—1953年间，先后有8艘"埃塞克斯"级航空母舰在SCB 27A改装工程中配备了H8弹射器。BH5则被用于搭配当时皇家海军最大型的"老鹰"号航空母舰，以及新完工的3艘"半人马座"级航空母舰，这4艘搭载BH5弹射器的航空母舰分别于1951年年底与1953—1954年投入服役。

相较于上一代的液压弹射器，H8与BH5的性能都有大幅度提高，某些条件下的弹射能力超过上一代弹射器1倍以上，相当程度缓解了舰载喷气式飞机面临的起飞问题。举例来说，使用H8弹射器弹射无外载标准离舰重量，与最大离舰重量的F9F"豹"式战机时，所需要的甲板风分别为14节与24节，远胜过上一代的H4B与H4-1弹射器。不过液压弹射器发展到这个阶段时，也已接近性能极限，难以再持续提高弹射能力。

液压弹射器，精确的说法应该是空气-液压驱动弹射器，是20世纪20年代中期时由英国的皇家飞机研究所，以及美国奥帝斯（Waygood Otis）电梯公司的工程师凯瑞（Falkland Carey）各自独立发展出来的，在美国又被称为凯瑞式弹射器。液压弹射器从20世纪30年代后期开始投入航空母舰使用的飞机弹射装置，成为20世纪40—50年代的航空母舰飞机弹射器主流。

液压弹射器的基本运作方式，是先通过高压空气挤压、驱动液压油，再以高速流动的液压油推动活塞，通过活塞的高速

英、美海军主要液压弹射器基本参数

国别	型号	类型	弹射能力*	弹射行程	搭载舰艇
美国	H 4A	液压	16000磅/74节	72.5英尺	前期"艾塞克斯"级
	H 4B	液压	18000磅/78节	96英尺	后期"艾塞克斯"级
	H 4-1	液压	28000磅/78节	150英尺	"中途岛"级
	H 8	液压	15000磅/105节 62500磅/61节	190英尺	"艾塞克斯"级SCB 27A
	H 9	液压	100000磅/78节 45000磅/105节	—	未实际发展完成
英国	BH3	液压	16000磅/66节 20000磅/56节	—	"百眼巨人"号/"光辉"级/ "独角兽"号/"巨像"号
	BH5	液压	18500磅/95节[1] 30000磅/82.5节[1] 28000磅/60节[2]	—	"老鹰"号/"半人马座"级

＊起飞重量／弹射末端速度。

（1）用于"老鹰"号上的BH5版本。

（2）用于"半人马座"级上的版本。

移动带动一系列复杂的滑车、滑轮与缆线机构，然后利用与缆线连接的弹射滑车带动、牵引飞机加速。

为了提高弹射能力，必须采用更高的液压作业压力，以便提高活塞的推进速度，并搭配增加滑轮组的缆线缠绕比等措施，借以提高活塞驱动滑轮、缆线机构的牵引能力，但如此一来，相关的活塞、滑车、滑轮、缆线等元件的尺寸与重量也会跟着增加，势必造成整套弹射器日趋庞大笨重。

举例来说，随着弹射能力的提高，弹射器使用的缆线所需承载的张力也随之升高，必须采用强度更高、但也更粗重的缆线才能应对，如BH5弹射器使用的缆线重量，便从BH3的1.1万磅增加到1.7万磅，换言之，仅仅只是缆线这一项元件，BH5的重量就比上一代的BH3重了54.5%。

而美国海军在研发H9液压弹射器时发现，若要让H9达到预期中的超高性能——将10万磅重的大型轰炸机以78节速度射

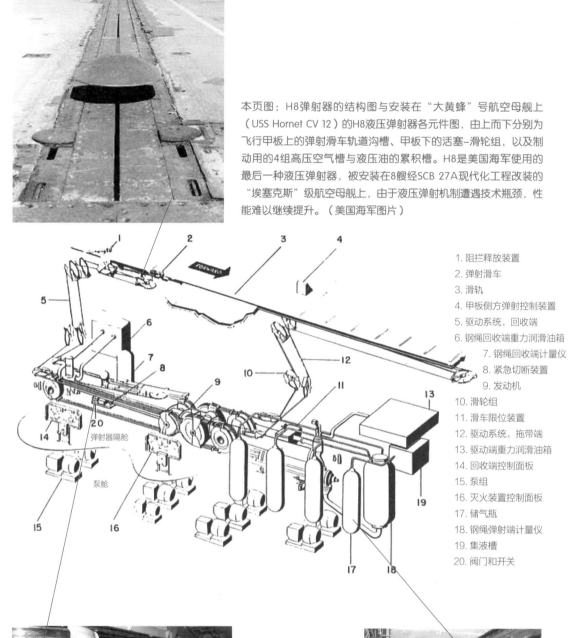

本页图：H8弹射器的结构图与安装在"大黄蜂"号航空母舰上（USS Hornet CV 12）的H8液压弹射器各元件图，由上而下分别为飞行甲板上的弹射滑车轨道沟槽、甲板下的活塞–滑轮组，以及制动用的4组高压空气槽与液压油的累积槽。H8是美国海军使用的最后一种液压弹射器，被安装在8艘经SCB 27A现代化工程改装的"埃塞克斯"级航空母舰上，由于液压弹射机制遭遇技术瓶颈，性能难以继续提升。（美国海军图片）

1. 阻拦释放装置
2. 弹射滑车
3. 滑轨
4. 甲板侧方弹射控制装置
5. 驱动系统，回收端
6. 钢绳回收端重力润滑油箱
7. 钢绳回收端计量仪
8. 紧急切断装置
9. 发动机
10. 滑轮组
11. 滑车限位装置
12. 驱动系统，拖带端
13. 驱动端重力润滑油箱
14. 回收端控制面板
15. 泵组
16. 灭火装置控制面板
17. 储气瓶
18. 钢绳弹射端计量仪
19. 集液槽
20. 阀门和开关

弹射器隔舱

泵舱

出，或将4.5万磅机体以105节速度射出，将导致整套弹射器的体积、重量过大，即使是8万吨级的"合众国"号航空母舰，也难以安装这样庞大笨重的弹射器。而且当弹射能力提高到如此高的程度时，弹射器中的滑轮、缆线等元件都将承受非常大的应力，对20世纪50年代的制造工艺与材料技术来说，是一大挑战。

此外，液压弹射器使用的液压油在高速流动推进时容易出现沸燃现象，在安全性与可靠性上都存在问题，而且液压油推动活塞的速度提高到一个上限（大约90英里／时）后，效率便开始迅速降低，继续提高液压作业压力所能带来的效益有限。种种情况都显示，液压弹射器的发展已难以为继，急需发展采用全新运作机制的新型弹射器。

下图：为了操作10万磅级重型舰载轰炸机，美国海军原打算为规划中的超级航空母舰"合众国"号配备新开发的H9液压弹射器。但当时液压弹射器的发展已达到瓶颈，要满足性能需求必须付出庞大的尺寸与重量代价，美国海军最后决定放弃H9液压弹射器的发展，改用火药爆炸驱动的开槽气缸式弹射器。（美国海军图片）

液压弹射器的运作原理

　　液压弹射器是20世纪40—50年代航空母舰飞机弹射器的主流，基本原理是利用由高压空气-液压机构驱动的缆线，来带动弹射滑车（Shuttle），从而牵引并加速飞机。以下我们以美国海军的H8弹射器为例，来说明液压弹射器的运作方式。

　　用于带动弹射滑车的缆线，被安装在飞行甲板下方舰体内的1套滑轮组上，滑轮组接到1组长约30英尺的液压引擎（Hydraulic Engine）上。所谓的液压引擎其实就是1组活塞油缸与滑轮机构，利用活塞的运动来驱动滑轮组，再带动缆线，进而带动弹射滑车。至于驱动活塞运动的动力，则是来自于4座压缩空气槽中的压缩空气。

　　当要进行弹射作业时，4座压缩空气槽中压力高达每平方英寸3500磅（Pounds Per Square Inch, PSI）的压缩空气（最高可达每平方英寸4000磅），会同时被释放到1座储满了液压油的累积槽（Accumulating Tank）中，累积槽中原先储放的液压油将会被压缩空气以极高的速度挤出到槽外管路中，并经管路进入活塞油缸，然后猛烈推挤活塞，迫使活塞在油缸中高速运动。而活塞的运动又将会带动滑轮组、缆线与弹射滑车，然后弹射滑车通过连接弹射滑车与飞机的钢索，牵引飞机高速滑行，在短短2秒时间内，便可将7～8吨重的飞机从静止加速到105节速度。

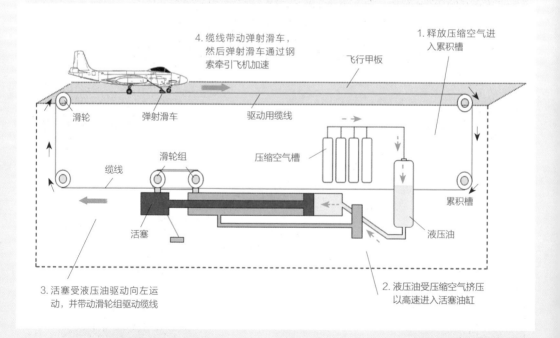

发展新型弹射器的尝试

二战后，美国海军航空局投入了3种形式的弹射器开发，包括：既有液压弹射器的改良型；一种电力驱动的弹射器设计；以及一种由战时的德国工程师率先开发、利用火药爆炸气体膨胀驱动的开槽汽缸式（Slotted-Cylinder）设计。

其中改良型液压弹射器就是前面提到的H8，被安装在经现代化改装的"埃塞克斯"级航空母舰上，能满足弹射第一代舰载喷气式飞机的需求。但液压弹射器已经接近其效率上限，而海军航空局的舰载机却愈来愈重，如AJ"野人"以及后来发展为A3D"空中战士"的新型重型攻击机等，都是起飞重量5万磅以上甚至达到7万磅的机型。于是海军航空局局长普莱德少将在1949年1月作出结论：以爆炸气体驱动的开槽汽缸弹射器最终将会取代既有的液压弹射器。

开槽汽缸弹射器的汽缸是1根长管子，圆管状的汽缸上表面开有长度接近整个汽缸全长的沟槽，通过火药爆炸产生的气体压力，可驱动活塞沿着汽缸高速移动。活塞顶部则被制成钩状外形，以便伸到汽缸沟槽外，然后通过牵引钢索与飞行甲板

下图：液压弹射器通过活塞带动滑轮组，再由滑轮组带动缆线驱动弹射滑车，从而牵引飞机加速，整个弹射驱动机制十分复杂，发展到20世纪40年代后期便达到效率上限。图片为美国海军的H4B弹射器，是二战时期美国海军航空母舰的主力弹射器，图片中只呈现出该弹射器核心的活塞与滑轮组，未包括储存压缩空气的储气槽与完整的缆线机构。（美国海军图片）

上的飞机连接。利用高压气体压力推动活塞沿着汽缸高速移动，便能牵引飞机加速。

美国海军航空局虽然知道英国皇家海军当时正在发展蒸汽弹射器，不过只将蒸汽弹射器的重要性列于火药爆炸驱动弹射器与改良型液压弹射器之后。

美国海军的开槽汽缸式弹射器发展可以追溯到二战时期的德国技术。

二战时德国发展了一种用于弹射V-1导弹的开槽汽缸式弹射器，采用过氧化氢-过锰酸钠混合液体反应产生的高压燃气作为动力推动活塞、然后活塞带动V-1导弹加速升空。二战结束后，美军将掳获的V-1导弹带回本土研究，海军航空局也参与了相关测试，并特别着重于对V-1的弹射器的研究，以作为设计航空母舰弹射器的参考，并先后以过氧化氢与高压蒸汽作为动力进行了弹射试验。

旧有的液压弹射器属于"间接驱动"机制。原动力来自压

下图：二战中纳粹德国用于发射V-1导弹的弹射器，是第1种实用化的开槽气缸弹射器，图片中可见到V-1导弹底部的方形发射滑轨中，带有圆形的汽缸。英、美两国都十分重视这套V-1导弹弹射器的设计，它对于日后的蒸汽弹射器发展产生了启发作用。（知书房档案）

FLYING BOMB LOADED ON
CATAPULT READY FOR LAUNCHING

缩空气与液压油驱动的活塞，必须通过一系列缆线、滑车轮等机构，带动拉杆将力量传递给与拉杆连接的舰载机，从而牵引飞机加速，弹射力量是间接传递到牵引机构上的。开槽汽缸弹射器则属于"直接驱动"机制，通过与汽缸活塞顶部直接连接的弹射滑车，将活塞从高压气体获得的弹射力量直接传递给舰载机，不仅节省重量，也避免了液压弹射器采用缆线、滑车轮所带来的种种问题。

然而在推动汽缸活塞的动力来源上，美国海军却做了与众不同的选择，相较于德国采用由过氧化氢反应产生的蒸汽，英国直接使用舰艇主机锅炉产生的蒸汽，美国海军航空局更偏好采用火药，认为火药的能量密度更高，占用的重量与空间都更小，而且通过引爆火药直接产生高压气体的运作机构，比需要依靠燃气产生器或锅炉的过氧化氢或蒸汽动力

上图：德国V-1导弹使用的开槽气缸弹射器，对于英美两国的弹射器发展产生了相当程度的启发作用，但英美军方与研发单位都认为，V-1导弹这套弹射器通过过氧化氢化学反应产生蒸汽，来推动弹射器活塞的机制太过危险，过氧化氢也难以储存与处理，因此寻求其他蒸汽产生机制来推动活塞。图片为美国陆军航空军通过逆向测绘仿制的美国版V-1导弹——JB-2，他们放弃仿造德国的过氧化氢蒸汽弹射器，几经尝试后，最后改用火箭助推方式发射。（知书房档案）

等方式简单[1]。

但困难在于，当引爆火药产生膨胀气体推动活塞时，如何恰当开启与关闭汽缸开槽，以便伸出开槽外的活塞顶部挂钩既能沿着汽缸开槽移动借以带动弹射滑车，又同时确保汽缸的密封，以免气体逸散而损失能量。由于气缸开槽形成的缝隙至少有上百英尺长，要保持汽缸的密封非常困难。

对德国的V-1导弹弹射器来说，由于弹射需求并不高，只需将不到5000磅重的V-1弹体、在150英尺长的轨道上加速到180多节速度，采用简单的汽缸开槽密封机构就能满足要求。但美国海军发展的火药驱动开槽汽缸弹射器，目标却是要弹射重达10万磅的重型轰炸机。因此，可承受高压的汽缸开槽密封机构，就成为弹射器设计上的一大重点。

总而言之，火药驱动开槽汽缸弹射器面临2个问题：①如何安全产生膨胀气体，以便以适当的加速度驱动圆筒中的活塞；②在活塞活动时，如何保持活塞后方密封。然而美国海军航空局的工程师始终无法解决这2个问题。

蒸汽弹射器的早期发展

在美国海军航空局的火药驱动弹射器发展陷入困境的时候，英国皇家海军的蒸汽弹射器开发却大有斩获。

蒸汽弹射器也属于开槽汽缸式弹射器，不过驱动弹射的动力来自锅炉产生的高压蒸汽，比起美国海军所使用的火药更安

对页图：米切尔在1938年专利中所描绘的开槽汽缸弹射器图解。利用气体驱动开槽汽缸内的活塞来带动物体移动，是个早在19世纪便已出现的构想，但米切尔的创新在于构想出合理的汽缸开槽密封机构。

汽缸开槽下方安装有1条细长的弹性衬带条（图中的g），嵌入活塞内部的3组滑轮上。当活塞往前移动时，活塞内的滑轮1与滑轮2会先把衬带条往下压到活塞底部，以便活塞顶部伸出汽缸开槽外的突翅（图中的i）能不受阻碍地沿汽缸开槽移动。接下来活塞内的滑轮2与滑轮3又会把衬带条从活塞突翅后方往上顶，把衬带条塞到汽缸开槽中，利用活塞后方高压气体或流体的压力，即可将衬带条紧紧地压在汽缸开槽上，从而保持汽缸密闭，防止压力从开槽缝隙中泄出。

通过伸出汽缸开槽外的活塞突翅，可连接用于牵引飞机的弹射滑车，从而利用活塞的移动来带动飞机加速。（英国国防部图片）

---

[1] V-1导弹的开槽汽缸弹射器颇受英美两国的开发单位关注，不过他们对于德国人选择的过氧化氢气体产生机制很不满意，不只美国海军航空局，美军其他单位同样也不喜欢以危险又难以处理的过氧化氢作为推动弹射器的动力来源。如美国陆军航空军曾依据掳获的V-1导弹，逆向测绘仿造出JB-2飞行炸弹，并委托民间承包商大量生产。但考虑到德国原版V-1采用的过氧化氢蒸汽弹射系统在作业时相当危险，美国当时要量产同类系统也比较困难，美国陆军航空军决定改用其他发射方式。尝试进行几种不同形式的弹射器后，最后选择德国人也曾试验过的火箭助推方式，由于助推火箭所能提供的推动力量较过氧化氢蒸汽弹射系统更大，所以只需50英尺长的滑轨就足以推送JB-2升空。

全、稳定。现代蒸汽弹射器的基本形态出自皇家海军志愿预备役军官柯林·米切尔（Colin Mitchell）中校提出的设计。

早在20世纪30年代中期，米切尔便在爱丁堡的麦克塔格特·斯科特公司（Mactaggart Scott & Co Ltd）担任工程师，负责为英国海军部开发开槽汽缸式弹射器，并于1938年获得了个人专利。他的专利解决了如何将更高的弹射力量传递给飞机，但又避免了固定飞机的机构过于笨重的问题。

米切尔提议：可在航空母舰飞行甲板上埋设一根内含活塞的长管子（即汽缸），管子上表面开一条轴向狭缝，飞机则固定在活塞伸出管子槽缝外的鳍状构造上，只要沿着管子高速推动活塞，便能牵引飞机加速。至于推动活塞移动的动力，则来自未特别指定的高压流体（或气体）。这种利用高压气体推动管子中的活塞运动，作为一种驱动物体移动的方式，其实是一种十分古老的构想，早在19世纪中期，便有人试图利用类似的方法来作为铁路推进机制，也就是有名的"大气铁路"

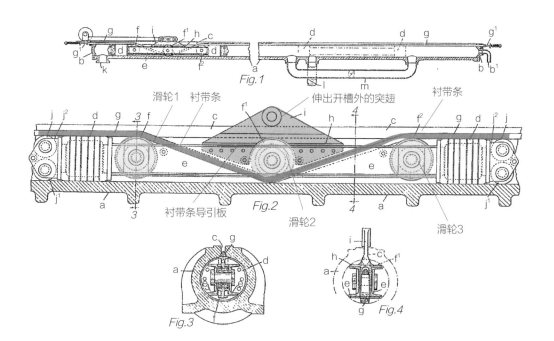

蒸汽弹射器原理的早期应用——大气铁路

现代航空母舰使用的蒸汽弹射器，基本原理是19世纪初期便已诞生的古老概念——利用管子中的空气压力来推动物体，不过在19世纪时，这个构想被用作一种铁路推进动力，被称作空气推进铁路（Pneumatic Railway），而这种空气推进铁路发展与应用过程中所遭遇的问题，也预示了日后所有开槽汽缸式弹射器所将遭遇的技术困难。

早在1799年，住在伦敦的工程师兼发明家梅德赫斯特（George Medhurst），便开始讨论可将铸铁管中的空气压力作为交通工具的动力来源。后来他在1810年与1812年发表的论文中，又提出可利用这种空气管来推动在隧道中运行的车辆，然而尽管梅德赫斯特有了空气推动车辆的基本构想，也获得部分人士的支持，但迟迟没有得到实际应用。

直到19世纪30年代，在梅德赫斯特基本构想启发下，另一位英国发明家平库斯（Henry Pinkus）在1834年获得空气推进铁路的专利，并于1835年组织了国家压缩空气铁路协会（National Pneumatic Railway Association），试图集资推广相关技术。不

下图：英国报刊上描绘的南德温空气推进铁路，注意铁轨中央用于传递空气的管子。（知书房档案）

过一直到1838年，当英国工程师克莱格（Samuel Clegg）与萨慕达（Sanuda）兄弟一同在新发表的新型密封阀设计专利中，提供了一种可与开槽气缸-活塞配套运作的密封机构后，才让空气推进铁路真正有实现的可能。

接下来在1839年，萨慕达兄弟与合伙人在伦敦南边的赛斯沃克（Southwark），建造了1套可实际运作的空气推进铁路模型，然后在1841—1843年间，又与伦敦暨伯明翰铁路公司合作，于伦敦东北的沃姆

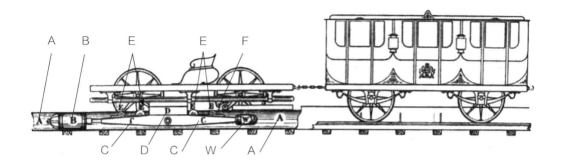

伍德·斯克拉比斯（Wormwood Scrubs）建造了1条半英里长的实验铁路。

克莱格–萨慕达的压缩空气推进铁路概念，吸引了一些著名铁路工程师的注意与支援，如布鲁内尔（Isambard Brunel）、古比特爵士（Sir William Cubitt）、威格诺尔斯（Charles Vignoles）等，不过也招致另一些工程师的批评，如大名鼎鼎的铁路发明家乔治·斯蒂文森（George Stephenson）之子罗伯特·斯蒂文森（Robert Stephenson），以及身兼物理学家与铁路工程专家的赫帕斯（John Herapath）等，都认为这种空气推进铁路是行不通的。

除克莱格–萨慕达自身外，布鲁内尔、古比特与威格诺尔斯都曾依据克莱格–萨慕达的设计，分别在爱尔兰、伦敦与英格兰西南部的南德温（South Devon）建造了实用化的压缩空气推进铁路，法国与美国也有人采用了类似概念，于巴黎西部与纽约建造了空气推进式铁路，不过大部分的路线长度都很短，只有几英里长，美国纽约的那套系统更只是几百英尺长的展示系统。在这些空气推进铁路中，规模最大，也最出名的是1846年在英国南德温海岸建造的南德温铁路。

理论上，只要空气管内存在足够的压力差，便能推动活塞前进，从而利用活塞伸出空气管（汽缸）开槽外的挂钩来带动车辆。不过考虑到要让空气管的开槽（即汽缸开槽）保持密封十分困难，因此前述空气铁路采用的都是负压式系统，也就是把活塞前方的管子内部抽成真空，然后开放活塞后方的管子让外部空气进入，利用大气压力来推

上图：南德温空气推进铁路的结构图。图中的A是传送空气的铸铁管，B为活塞，C为用于连接活塞的铁板，D为连接列车的机构，E与F分别为开启与关闭纵向阀皮带的滑轮，W是在C铁板另一端平衡活塞用的配重。运作时，抽气站内的泵会将活塞前方的空气抽除形成真空，而与活塞连接的E滑轮会顶开铸铁管汽缸顶部开槽的纵向阀皮带，让外部空气进入活塞后方的铸铁管汽缸内，从而利用大气压力推动活塞往前移动，而活塞的移动又会通过D连接板带动列车头，从而牵引后方的客车车厢前进。然后位于气缸外部的F滑轮又会把纵向阀皮带压回汽缸开槽上，让汽缸恢复密封，以便下次的抽气作业。（知书房档案）

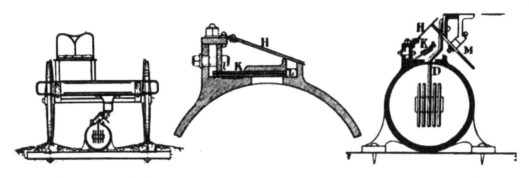

上图：空气推进铁路的汽缸纵向阀门机构，这种阀门设计是由英国工程师萨慕达兄弟中的弟弟约瑟夫·萨慕达所提出的，也是整个空气推进铁路的关键元件，可覆盖住汽缸开槽狭缝、确保汽缸的密封，同时又能适时地开启，以便活塞上方突出于汽缸狭缝外、用于带动列车的连接板沿着汽缸开槽狭缝行进。

整个阀分为两层，图中的H称为气候阀，是1个盖住底部开槽与阀门机构，使其免受风雨侵害的盖板。真正的关键机构是图中的K，称为连续气密阀，本身是一条长皮带，皮带的一端绞接在汽缸开槽器左端的支架上，另一端则通过图中L部分的合成物质，黏合在汽缸开槽缝器右端。整个阀门平时盖紧在汽缸开槽缝隙上，保持内部气密，当活塞通过时，则通过列车与活塞上的滑轮机构，分别顶开K与H，好让活塞与列车间沿着汽缸开槽行进的D连接机构通过，并让外部空气进入汽缸中。（知书房档案）

动活塞。

以南德温铁路来说，基本构造是在2条铁轨中安置1根由铸铁制成的长管，也就是汽缸，铸铁管的管径在平地是18英寸，在陡坡地带则扩大为22英寸，以提供较平地更大的推力。沿铸铁管上方开有一条数英寸宽的长狭缝，并由一种称作"纵向阀门"（longitudinal valve）的机构来让狭缝保持密封。所谓的纵向阀门基本上就是一条长皮带，被固定在铸铁管的槽缝上方、覆盖住槽缝以保持铸铁管汽缸的密封。铸铁管内有一活塞，列车机车头的前轮轴通过特殊设计的机构与活塞连接。

南德温铁路每隔3英里便设有1座泵站，每座泵站内由1台80马力的蒸汽机负责驱动泵。当列车行进时，依序由各个泵站负责将铸铁管内的空气抽出，让活塞前方的铸铁管内成为真空，活塞后方则有一专门用于开启纵向阀门皮带的滑轮，可由下方将皮带顶起，使外界的空气进入活塞后方，通过活塞前、后方的压力差，利用活塞后方的空气大气压推动活塞推进，而活塞再通过伸出铁管缝隙外的连接机构带动列车行进，直到3英里外的下一个泵站。活塞后方在负责顶起阀门皮带的滑轮之后，还有另一组外部滑轮负责将皮带压回原位置，让铸铁管恢复密封，以便下次的抽气作业。

由于是利用大气压力来提供推进力量的，所以这种铁路被称为"大气铁路"。通过这套推进机制，南德温铁路的平均时速可达40英里，极速则可达每小时70英里，甚至还有80英里时速的记载。

空气推进铁路在技术上确实有迷人之处，相较于传统的蒸汽机车头推进铁路系统，空气推进铁路不仅更为安静、干净，列车头不会喷出恼人的烟尘，而且由于动力装置位于列车外部，列车本身的重量轻了许多。可惜的是，由于设计上的固有缺陷导致这种铁路昙花一现，未能被大规模应用。

空气推进铁路的实际运作面临了许多问题，如列车启动时的意外、活塞损坏与抽气站泵故障等，最致命的是密封用的长皮带禁不起气候变化与化学腐蚀的作用，而用于黏合长皮带与铸铁管缝隙、用以确保密封的合成物质（由蜡、肥皂、兽脂与鳕鱼肝油所合成）有炎夏遇热融化、冬天遇冷冻结的问题，还常遭老鼠啃啮，以致密封效果大减，从而损害整个系统的推进效率。

早在1844年时，罗伯特·斯蒂文森便批评："如此利用大气的系统，必须依靠机关每一个细节部分都完全正常运作，才能让整体有效地操作，要让这种系统满足大型交通运输的需求，实在是一项艰巨而不易达成的任务。"

由于机构设计上难以确保系统的稳定运作，加上单位里程的营运成本又比传统蒸汽动力铁路高出许多（主要是抽气泵必须运转比预期更长的时间，才能达到抽除空气、维持真空的目的，消耗的燃料成本远高于最初估计的），南德温铁路并未建成原定的20英里长路线，营运时间也很短，启用不到1年便于1848年结束运作。当最后1条空气推进铁路——位于巴黎西部的巴黎—圣日耳曼（Paris‐Saint‐Germain）铁路于1860年停驶后，这种铁路推进设计也就退出历史舞台。而开槽汽缸推进机构难以密封的问题，也一直留到1个世纪后的弹射器设计中。

下图：留存至今的南德温铁路所用的空气推进汽缸，其实就是一个顶部开有缝隙的铸铁管，这种开槽汽缸推进机制的困难在于如何适当地开启与封闭这个缝隙，在适当的时候开启、让汽缸与列车间的连接机构能沿着汽缸缝隙行进，但同时又须让缝隙维持密封，以免压力逸散而损失推进力量。（知书房档案）

（Atmospheric Railway）。

在19世纪30年代时，由于当时的蒸汽机车头被认为既不可靠、又肮脏、嘈杂，且功率负荷过大以致无法爬坡，一些充满想象力的工程师，便企图建造一种干净、安静、轻量的低功率火车，利用大气压力的力量来推动设于2条铁轨中的列车传动活塞，从而带动火车行进。但由于成本与技术问题，大气铁轨这项技术最后失败，未能普遍推广。

米切尔的创新之处，便在于解决了开槽气缸的漏气问题。过去的开槽气缸推进机构设计者，都试图在气缸开槽外部覆盖衬垫物，来达到密封的目的，但成效均不理想。而米切尔在他那份编号No.478,427、公开日期1938年1月18日的专利《关于用于发射目的的飞机加速装置改进》（*Improvements in and Relating to Devices for Accelerating Aircraft for Launching Purposes*）中，则提出了异于以往的新思路。

米切尔建议使用一种V形弹性衬带条来作为汽缸缝隙的密封衬垫，衬带条与活塞彼此相嵌，通过活塞在汽缸中的前后移动，引导衬带封住气缸开槽。这种弹性衬带条被安装在汽缸内部、位于开缝的正下方，并进入活塞内部、嵌在活塞内的3组滑轮上。当活塞被高压气体或流体推动、沿着汽缸向前移动时，活塞内嵌着衬带条的3组滑轮，便会顺势带动衬带条，先由第1、2组滑轮把衬带条往下压到活塞下方，以便活塞顶部伸出开槽外的突翅（Projecting Fin），能不受阻碍地沿着汽缸开槽移动，然后活塞内的第2、3组滑轮把衬带条从活塞突翅后方往上顶入气缸开槽中，通过气缸内的压力即可将衬带条压紧，从而保持气缸的密闭。

米切尔的构想提出后，并未立即被英国海军部接受，事实上，当时刚投入服役的液压弹射器已能充分满足舰载机起飞需求，暂时用不到米切尔这套理论上具备更高性能潜力的新型弹射器构想。

随着二战的爆发，米切尔被征召服役，中断了他的弹射器研究工作，不过类似的开槽气缸弹射器却在海峡另一边的德国率先实用化。

殊途同归——德国V–1导弹的蒸汽弹射器

当米切尔在英国开发开槽汽缸弹射器时，一位瑞士工程师梅兹（Merz）在德国取得了一份类似的开槽汽缸弹射器设计专利，之后这项专利被位于基尔（Kiel）的维特维亚特（Walther werke）公司，应用到他们发展的V–1导弹弹射器上。

V–1导弹的弹射器汽缸由多段钢管连接而成，汽缸顶部开有狭长的开槽，汽缸外壁焊有多块外框，通过外框来夹紧汽缸，确保汽缸内充满高压蒸汽时，汽缸开槽仍不致扩大。哑铃状的活塞顶部设有可伸出汽缸开槽外的挂钩，可钩住承载V–1

下图：导弹的弹射器滑轨特写，可见到滑轨中设有空心圆筒状的汽缸，汽缸顶部开有狭长的开槽。滑轨后方黄圈内的黑色圆柱哑铃状物体则是活塞，活塞顶部有可伸出汽缸开槽的挂钩，活塞可通过这个挂钩钩住安置了导弹的台车，从而在高压气体的推动下，带动台车沿着滑轨高速滑行。（知书房档案）

蒸汽弹射器的鼻祖
——德国V-1导弹的过氧化氢蒸汽弹射器

德国V-1导弹使用的过氧化氢弹射器，也属于广义的蒸汽弹射器的一种，只是蒸汽来自混合液体的化学反应，而不是蒸汽锅炉所烧的热水。虽然原始目的不同，但V-1的弹射器与今日航空母舰使用的蒸汽弹射器，基本运作原理是相同的，对于英、美海军的航空母舰弹射器发展也曾产生过一定影响。

V-1的弹射器是由德国沃尔特（Walter）公司研制的，整套弹射器由斜坡滑轨与提供弹射动力的发射动力车组成。斜坡滑轨长约150英尺，V-1导弹安置在沿着滑轨滑行的台车上。沿着滑轨安装有一根上表面开有狭缝的长管，即活塞汽缸，发射前先从汽缸后方开口往汽缸内装上哑铃状的活塞，活塞顶部设有可伸出狭缝的挂钩，以便钩住安装V-1导弹的台车。

发射动力车上设有两个化学罐与一个反应舱，化学罐里分别装有过氧化氢（T液）和高锰酸钾催化剂（Z液），反应舱则通过管子连接到斜坡滑轨底部尾端，与活塞汽缸相通。发射时抽取过氧化氢与高锰酸钾在反应舱内混合并发生化学反应，产生大量热蒸汽，热蒸汽再通过管子进入活塞汽缸，对活塞底部施以很大的压力。当积聚到一定压力时，蒸汽便能推动活塞快速移动，而活塞又通过顶部的挂钩带动安装有导弹的台车，使台车沿着斜坡滑轨高速滑行，到达滑轨尾端时再将V-1弹体释放，V-1导弹弹射离开弹射器滑轨时的时速，可达到186节。

下图：导弹弹射器所用的活塞，注意活塞顶部有一可伸出汽缸开槽缝隙外的挂钩，利用这个挂钩可钩住载有导弹的台车，从而带动导弹沿着弹射器滑轨滑行。（知书房档案）

导弹发射后，活塞与台车都将一同从汽缸前端开口抛出、落到附近的地面上。由于发射使用的过氧化氢燃料残留物带有很强的腐蚀性，所以发射后必须要由穿上保护服的工作人员仔细清理发射架后，才能再次使用。

除了过氧化氢弹射器外，德国在发展V-1之初，还曾由莱茵金属-博尔西格（Rheinmetall-Borsig）公司开发过一种火箭助推式的机动发射器，将V-1弹体安装在一个沿着滑轨滑行的台车上，台车底部安装有4具1200千克推力的施密丁（Schmidding）109-533固体助推火箭，火箭点燃后便可推动台车沿着滑轨滑行，从而加速V-1弹体使之升空。整套发射装置可安装在一台拖车上，以便机动部署。不过这套火箭助推系统只在1943年进行过数次测试，最后并未投入实际服役。

上图：导弹弹射器的滑轨、滑轨内的圆管状汽缸（上），以及发射动力车特写（下）。（知书房档案）

导弹的台车。通过过氧化氢与高锰酸钾液体混合反应产生的高压蒸汽，即可推动活塞沿着汽缸前进。汽缸的两端都为开放式，要进行弹射时，可从汽缸末端将活塞装入，弹射后活塞则会从汽缸前端开口射出、落到附近地面上，捡拾整理后便能重复使用。

至于汽缸开槽的密封，则是使用一条以小圈环悬吊在汽缸内部、位于开槽下方的细长钢管，随着活塞前进，会将这条钢管推开，当活塞顶部的挂钩通过后，活塞后方上表面的导引槽会将钢管往上顶到汽缸开槽处，接下来通过活塞后方的高压蒸汽，即可将钢管压紧到汽缸开槽上，从而达到密封的效果。整个密封机构的设计，与米切尔的构想可说是异曲同工。

V-1导弹的蒸汽弹射器在1944年正式投入服役，被部署在法国东北部的固定阵地上，用于将V-1导弹射往英国。

当盟军于1944年末攻占法国北部的V-1导弹阵地后，当时任职于海军部总工程师办公室的米切尔也被派到法国检视盟军占领的V-1导弹发射阵地，并参与了将掳获的V-1带回英国，于舒伯里内斯（Shoeburyness）进行的发射试验，调查评估将这种弹射器应用于海军舰船的可行性。

以蒸汽锅炉作为弹射器动力来源

V-1导弹弹射器的开槽汽缸／活塞机构，与米切尔先前提出的构想有许多相似之处，但采用过氧化氢来产生推动活塞所需高压蒸汽的方式，却明显不适合船舰使用，要储存与处理具高挥发性、易爆、且对人体与机械都有高腐蚀性的过氧化氢混合燃料，对于舰艇环境十分危险。

因此英国在舒伯里内斯进行的掳获V-1导弹试射中，后来都改用无烟火药取代过氧化氢，来产生弹射所需的气体压力。试验结果显示，火药的性质更为稳定，也能产生推动导弹所需的气体压力。

然而，就如同美国海军发展火药驱动弹射器时所遭遇到的情况，要在航空母舰上使用火药作为弹射器的动力来源，将必须面对储存大量弹射用火药的问题，必须设置专用的火药库与相关处理设施；若要频繁地进行弹射作业，将须要携带数量足够的弹射用火药，这势必会占用相当程度的舰体内部空间，并带来额外的危险。而且考虑到火药爆炸单元（药室）必然会产生高热，过热问题也将会限制火药驱动弹射器的作业频率，然而弹射器却又是航空母舰上频繁使用的一项装备。

改用压缩空气也是一种选择，事实上，先前的液压弹射器也是通过压缩空气来驱动液压机构与滑轮、缆线系统的，不过也可直接使用压缩空气来驱动开槽汽缸弹射器中的活塞。但这需要在舰上另外安装压缩空气相关装置，亦将占用不少舰体内部空间。

而最简单的解决办法，便是直接使用舰艇自带锅炉产生的高压蒸汽，来作为弹射动力的来源。就能量密度来说，高压蒸汽并不能超过过氧化氢，但蒸汽涡轮是当时绝大多数舰艇的动力系统形式，利用舰艇上现成的蒸汽锅炉即可提供高压蒸汽，因此选择高压蒸汽作为弹射动力来源，是个非常自然且合理的选择。不过如此一来，淡水的供应也将成为制约弹射器作业的因素——由于每次弹射都会消耗掉一些淡水，若要安装冷凝与净化装置来回收被用于弹射的淡水，就经济性与舰艇内部空间消耗来说都是不划算的。

另外，将舰艇主机锅炉产生的一部分蒸汽分给弹射器使用，也会造成可用的推进功率减少，导致航空母舰的最大航速与最大持续航速下降，但相较于蒸汽弹射器带来的效益，这样的代价仍是可接受的。

米切尔的蒸汽弹射器设计

英国海军部于1946年授予爱丁堡的布朗兄弟公司（Brown Brothers & Co.）公司一份合约，由战争结束后进入该公司担任技术总监的米切尔，负责主持以蒸汽为动力的开槽汽缸式弹射器开发工作。

这种新型弹射器的动力来源很简单，通过一个蒸汽接收器（Steam Receivers）接收来自舰艇主机锅炉的蒸汽，将之用于驱动弹射器。主机锅炉提供的蒸汽以高压累积储存于蒸汽接收器内，然后依据弹射飞机的重量、需要达到的弹射末端速度、航空母舰的速度与甲板风，调整馈送给弹射器汽缸推动活塞的蒸汽作业压力，预设的最大弹射蒸汽压力是每平方英寸400磅。

确认弹射动力来源后，下一个问题便在于开槽汽缸的设计。由于必须在汽缸表面开出一条长狭缝，在弹射器预定采用的每平方英寸400磅蒸汽作业压力下，汽缸的箍强度（Hoop Strength）会下降到无法接受的程度，压力会撑开开槽的狭缝导致密封失效。而初期的设计又显示，无法通过来自舰艇结构的外部支撑来使汽缸强度达到需求。另外在这样高的压力下，如何既能确保汽缸的密封，又能设计出可允许活塞通过的密封条机构，也是一大挑战。

米切尔并没有沿用他在战前1938年专利中提出的开槽汽缸弹射器密封设计，而是通过他称为"工厂辅助工程"（Shop assisted Engineering）的方法，利用木制模型构想出一种崭新的密封机构设计，在他的蒸汽弹射器设计中，最具巧思的也是这个部分。

米切尔在他发表于1948年6月12日的No.640、No.622专利中，提出1种兼有密封与支撑双重作用的密封设计，利用置于汽缸开槽上的金属制密封条（Sealingstrip），搭配汽缸盖板（Cylinder Cover），一举解决了如何兼顾汽缸强度与活塞通过的问题。

密封条是一根细长、扁平的矩形金属带，两端分别固定在汽缸前、后两端，并通过张紧机构拉直，正好堵在汽缸开槽两端的凸缘之间。汽缸盖板则是一种长条状、截面为J字形弯钩状的盖板，一边铰接在汽缸开槽一侧的边条上，并嵌住该侧汽缸开槽的凸缘，挂钩状的另一边则钩住在汽缸开槽另一侧的凸

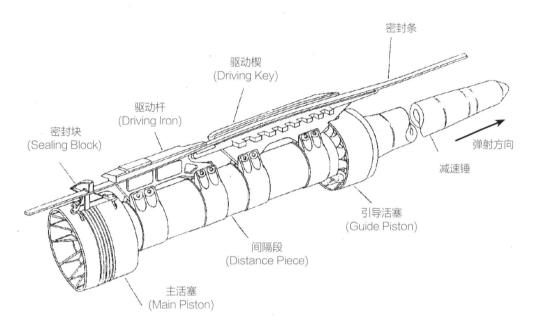

密封条

驱动楔
(Driving Key)

驱动杆
(Driving Iron)

密封块
(Sealing Block)

弹射方向

减速锤

引导活塞
(Guide Piston)

间隔段
(Distance Piece)

主活塞
(Main Piston)

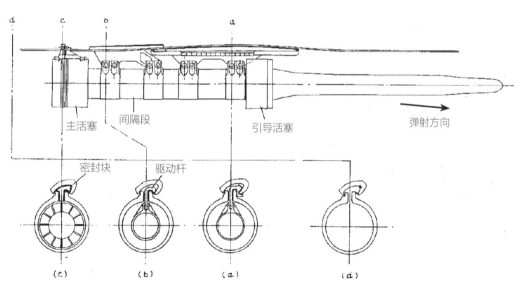

主活塞   间隔段   引导活塞   弹射方向

密封块   驱动杆

（c）   （b）   （a）   （d）

本页图：BSX蒸汽弹射器的活塞构造图解。这样的基本结构一直沿用到现在的所有航空母舰蒸汽弹射器中。
（知书房档案）

缘，同时压住密封条。

通过汽缸盖板可达到以下3个目的。

（1）由汽缸开槽外部压住密封带，使密封带不致在蒸汽压力下被挤出汽缸开槽缝隙。

（2）强化密封效果。在高压蒸汽压力作用下，汽缸开槽会略微向外张开，而钩在汽缸开槽两侧凸缘上的汽缸盖板弯钩，能从两侧夹紧密封带，阻止蒸汽从汽缸开槽泄漏，同时"钳住"汽缸开槽，限制其张开的幅度，避免开槽张开幅度过大。

（3）覆盖并保护汽缸开槽，防止污染物进入汽缸。

汽缸活塞的顶部设有将密封条顶开与压回的机构，可允许活塞沿着汽缸移动，又不会造成太多的蒸汽泄漏。而当活塞通过后，密封条便会被压回汽缸开槽，并在汽缸盖板的协助下压紧汽缸开槽狭缝，同时构成汽缸开槽部位的内部支撑结构。当汽缸内的压力欲使汽缸外壁向外撑开时，由于开槽缝隙的存

下图：BSX蒸汽弹射器的剖面。（知书房档案）

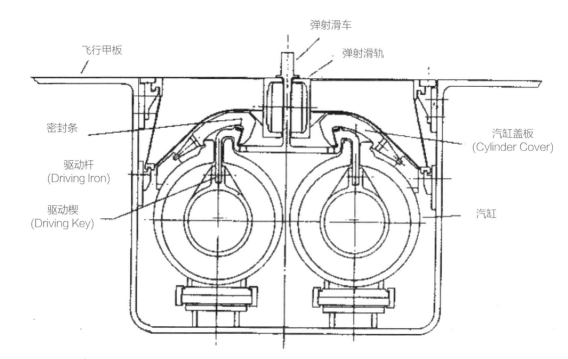

弹射滑车

飞行甲板

弹射滑轨

密封条

汽缸盖板
(Cylinder Cover)

驱动杆
(Driving Iron)

驱动楔
(Driving Key)

汽缸

在，汽缸外壁向外撑开后，会在汽缸盖板的"钳制"下，把撑开的力量导向开槽缝隙部位，从而使开缝的两侧压紧密封条，这不仅能进一步确保汽缸密封效果，也增加蒸汽压力，转变为确保汽缸密封的力。如此一来，也完全无须在外部设置支撑或箍紧机构，就能保证汽缸拥有足够的箍强度。

密封衬带条结合汽缸盖板，是米切尔的一大突破，可在不明显损失能量的情况下，让活塞顶部的弹射滑车沿着汽缸开槽移动，解决了早先开槽汽缸弹射器未能解决的压力泄漏问题。

米切尔的设计很快就被皇家海军所接受，海军部舰队总工程师在1947年9月要求布朗兄弟公司制造一套原型装置。随后米切尔便以早先的木制模型为基础，制造出一套由金属制成、由12英尺长的汽缸筒、盖板与相关设备组成的全尺寸原型系统进行初步试验。试验证明这套弹射器确实能够运作，随后相关设计被移交给皇家海军，准备发展为全尺寸、实用化的原型蒸汽

下图：蒸汽弹射器的弹射滑车与活塞的组成。弹射滑车底部的两端的驱动夹头，与两根汽缸内活塞上的驱动楔以锯齿状机构彼此啮合，当活塞前进时，即可带动弹射滑车一同前进。（知书房档案）

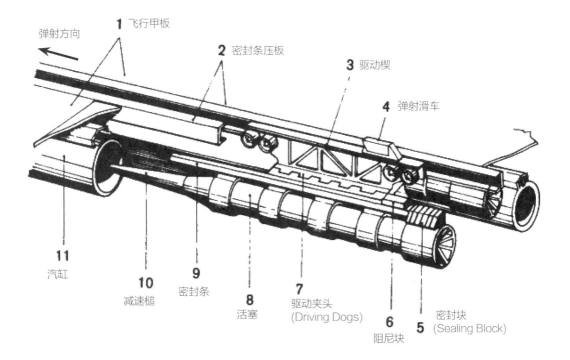

弹射方向

1 飞行甲板

2 密封条压板

3 驱动楔

4 弹射滑车

11 汽缸

10 减速槌

9 密封条

8 活塞

7 驱动夹头 (Driving Dogs)

6 阻尼块

5 密封块 (Sealing Block)

弹射器。

在设计开发过程中，布朗兄弟公司的米切尔小组得到了皇家海军的大力支援，如位于西德雷顿（West Drayton）的海军部工程实验室（Admiralty Engineering Laboratory）与位于罗赛斯（Rosyth）的海军造船研究机构（NCRE），提供了汽缸与汽缸盖板元件的光弹性应力与疲劳测试分析；位于剑桥的皇家焊接协会则对完整的汽缸进行了脉动压力（Pulsating-Pressure）疲劳测试；整个开发作业则由海军部的舰队总工程师负责指导与监督。

皇家海军接手蒸汽弹射器原型后，西德雷顿海军部工程实验室的路易士（J. Lewis）小组在1948年6月完成了应力测试，为设计工作提供了必要资料。不过他们的测试方法并不能提供特定关键部位的尖峰应力分析，于是接下来便由海军造船研究机构的帕菲特（J. Paffet）小组接手，使用光弹应力（Photoelastic）方法于1949年8月完成了必要的应力分析试验。

BSX原型蒸汽弹射器

米切尔新的设计后来演变为官方代号BSX的蒸汽弹射器原型，布朗兄弟公司一共建造了2套BSX-1与1套较短的BSX-3。

为了提高弹射力量，BSX弹射器采用双汽缸的形式，2个平行并列的汽缸圆管一同埋设在飞行甲板上开出的沟槽中，上面盖着可移动的甲板盖板，甲板盖板中央有2条让弹射滑车移动的弹射滑轨。弹射滑车呈倒T字形截面，底边的两端设有锯齿状的驱动夹头，可分别与2具汽缸内部、活塞上类似的锯齿状驱动楔彼此啮合，通过驱动机构的连接，即可让活塞与弹射滑车联动，利用高压蒸汽推动汽缸内的活塞，再由活塞带动弹射滑车，舰载机则通过牵引钢索钩住弹射滑车，在弹射滑车的牵引下加速。

活塞在移动时，活塞顶部的一连串机构会依序地将密封条顶起与压回。先由最前端的驱动楔顶开密封条，以便能带动外部的弹射滑车前进；再由驱动杆将密封条引导到正确位置，最

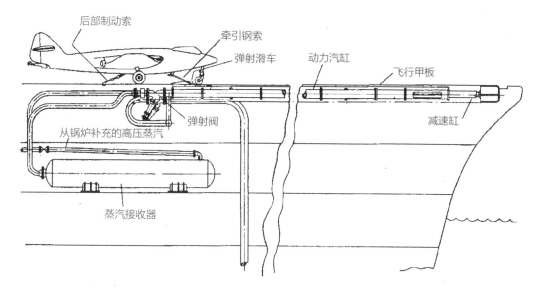

后由最后端的密封块将密封条压回原位置，恢复汽缸的密封。

　　活塞的前端则安装有减速锤，当活塞向前移动到汽缸的最前端时，活塞前端的减速锤便会撞进内部装满水的减速缸，在刹车的作用下，缓冲、吸收活塞前进的冲击能量，并让活塞在短短5英尺的距离内停止，而不会对舰体或弹射器造成损坏。

英国海军的蒸汽弹射器原型测试

　　为进一步测试米切尔的蒸汽弹射器，皇家海军决定以当时编在预备役中的"英仙座"号航空母舰（HMS Perseus）作为蒸汽弹射器实验舰。在实际安装到"英仙座"号航空母舰之前，皇家海军先行在英格兰的舒伯里内斯装设了短版本的BSX-3原型弹射器，由皇家海军的武器军备研究机构对弹射器中的减速缸相关机构进行延伸测试。

　　BSX-3弹射器拥有18英寸口径的汽缸，加速行程（Stroke）为47英尺，减速行程为5英尺，汽缸（含减速缸）是由5段12英尺长的标准汽缸接合而成的。BSX-3测试过程相当顺利，经少许修改后，这套弹射器可达到最高250节的弹射速度，预期还有提高到300节的能力。随后加压到每平方英寸750磅的作业压力

上图：英国BSX-1蒸汽弹射器的构造简图。先利用蒸汽接收器接收来自主机蒸汽锅炉的蒸汽，待压力足够时，打开弹射阀（Launching Valves）让高压蒸汽进入动力汽缸（Power Cylinders），接下来高压蒸汽便会推动汽缸内的活塞，沿着汽缸高速移动，与活塞连接在一起的弹射滑车也会跟着一起移动，从而牵引飞机加速。（英国国防部图片）

测试也成功完成，虽然就实际服役的标准来看，BSX3还有许多问题必须处理，不过其在测试中展现的性能，已经能够充分满足所有预期的需求。

新的蒸汽弹射器不仅性能更好，可动部件重量也从BH5液压弹射器的1.75万磅减轻到4000磅。不过由于飞机弹射时由弹射滑车所带来的水平减速冲击负荷，达到了400吨等级，因此必须仔细研究如何在有限的航空母舰舰艉空间内，避免这个冲击负荷对结构造成的影响。

"英仙座"号航空母舰在1950年于罗赛斯海军船厂（Royal Naval Dockyard Rosyth）安装了1套全长203英尺的BSX-1蒸汽弹射器，为了简化工程，这套弹射器并没有像一般弹射器般埋设在飞行甲板下，而是安装在飞行甲板上方，上面再盖上一层临时飞行甲板，随后"英仙座"号航空母舰便在该地展开初步弹射试验。最初的试验使用一种特制的静负载（Dead Load）有轮弹射载具（滑车）充当弹射目标，并逐渐增加测试载具的负载重量，在港口内进行了大约1000次这种静负载弹射测试后，转到福斯湾（Firth of Forth）外海，并改用无人驾驶飞机进行弹射试验。

　　皇家海军从库存中抽调出6架超级马林"海火47型"（Seafire Mk47）战机，拆掉两翼折叠点外侧的机翼翼端部分、截短翼展，并携带仅足以让发动机启动、暖机与弹射的20加仑燃料，另加装无线电遥控系统，以便用于充当弹射试验用的无人驾驶机体。至于刻意截短试验用"海火47型"战机翼展的目的，据说在于降低机体的爬升滑翔能力，以便弹射后的机体能尽快落入航空母舰附近的海面上，以免飞出试验区域造成意外。

　　"英仙座"号航空母舰于1951年中转往贝尔法斯特（Belfast），展开了有人驾驶飞机的弹射，搭配海军航空队的"海吸血鬼""攻击者"战机2种喷气式飞机，以及"短吻鳄"（Short Sturgeon）双发螺旋桨轰炸机进行了弹射测试。

蒸汽弹射器传入美国海军

　　早在几年前，美国海军航空局就已获知英国皇家海军正在发展蒸汽弹射器，但仍坚持继续发展火药驱动弹射器，而不愿

对页图：皇家海军"巨人"级航空母舰"英仙座"号，是第一艘安装蒸汽弹射器的航空母舰，该舰在1950年的大修中安装了1套BSX-1蒸汽弹射器，随后展开了蒸汽弹射测试。该舰先从空负荷弹射试验开始，1951年中开始弹射有人驾驶飞机。上面这张1951年7月的"英仙座"号航空母舰图片中，可见到蒸汽弹射器安装在飞行甲板上方、从前端左舷向后一直延伸到舰岛后端的架高平台内，不像后来的航空母舰是把弹射器"埋入"到飞行甲板内的。

　　下面这张图片可以更清楚地见到BSX-1弹射器在"英仙座"号航空母舰上的架高平台结构，图片右边还能见到一根单杆枪，可提供弹射器位置的精确甲板风速资讯。（英国国防部图片）

左图：正在进行BSX-1蒸汽弹射器静负载测试的"英仙座"号航空母舰，可见到静负载测试载具正被弹离航空母舰甲板前端，这种特制的有轮测试载具（滑车）专用于校正与验证弹射器的功能与性能，并一直被沿用到现在的蒸汽弹射器测试中。（英国国防部图片）

上二图：用于搭配"英仙座"号航空母舰的蒸汽弹射器试验、充当遥控无人机的超级马林"海火"型。可看到该机主翼外侧折叠点以外的部分都被拆掉，以降低机体的爬升滑翔能力，以便在弹射后能尽快落入距航空母舰较近的海面。（英国国防部图片）

跟进发展蒸汽弹射器。虽然采用火药驱动弹射器的"合众国"号航空母舰在1949年4月被取消，但后续的"福莱斯特"号航空母舰仍然预定装备火药驱动弹射器。

不过到了1951年，美国海军终于改变态度。

相较于火药驱动弹射器或现役的液压弹射器，英国的蒸汽弹射器有3大优势。

（1）米切尔设计的密封衬条与汽缸盖板，解决了困扰开槽汽缸式弹射器已久的气体泄漏导致压力损失问题。

（2）蒸汽弹射器可从舰艇主机的蒸汽锅炉，直接获得弹射所需的高压蒸汽，只需设置1部蒸汽接收器负责接收从管路馈入的蒸汽锅炉蒸汽即可。相较下，火药驱动弹射器则需在舰上携带专门用于弹射的火药，由于弹射用火药具备相当程度的危险性，这些火药都必须存放于特别设计的装甲箱弹药库中。而且航空母舰必须携带相当数量的弹射用火药，才能应对执行数百架次弹射作业的需求。以1951年"福莱斯特"号航空母舰原始设计为例，就预定在特别设计的弹舱中携带多达400吨重的弹射用火药。相较下，该舰预定携带的航空军械也不过2000吨。显然，携带弹射用火药对于舰体结构设计、防护与损管都带来许多额外麻烦，蒸汽弹射器便没有这些问题。

（3）米切尔设计的蒸汽弹射器还有1项重要附带效益——在弹射滑车与活塞的制动机构上可节省大量的空间与重量。以

H8液压弹射器来说，必须搭配长达50英尺的液压气动刹车系统，才能应对重达5000磅的弹射滑车制动需求。而对于蒸汽弹射器，只需5英尺长的制动系统便足以满足弹射滑车与活塞的制动需求。所以对同等长度的液压弹射器与蒸汽弹射器来说，蒸汽弹射器可多出45英尺的动力行程，从而获得更大的弹射能量。

　　基于"英仙座"号航空母舰的试验成果，美国驻伦敦大使馆武官、也是资深海军飞行员的索切克（Apollo Soucek）海军少将，便向美国海军建议：由美军邀请"英仙座"号航空母舰前往美国展示它的蒸汽弹射器。美国海军作战部长费克特勒（William Fechteler）便立即于1951年8月6日接受了这项提议，此时"英仙座"号航空母舰已经进行了890次蒸汽弹射器弹射试验，其中包括105次有人驾驶飞机的弹射试验。相较下，海军航空局这时候还在准备预定于1952年3月开始的XC 10火药弹射器原型安装测试，这2种弹射器的技术成熟度有天壤之别。

"英仙座"号航空母舰在美国的蒸汽弹射器展示测试

　　"英仙座"号航空母舰于1952年1月20日抵达东岸的费城海军船厂（Philadelphia Naval Shipyard），随即展开以校正为目的的静负载弹射测试。"英仙座"号航空母舰的BSX-1蒸汽弹射器虽然是1套全尺寸系统，但仍处于发展阶段，每两次弹射间必须间隔长达20分钟的准备时间。

上三图：1951年在"英仙座"号航空母舰上进行的BSX-1蒸汽弹射器试验，由上到下分别是进行弹射试验的短吻鳄双发轰炸机、"海吸血鬼"喷气战机，以及"攻击者"喷气战机。（英国国防部图片）

3周后的2月11日，"英仙座"号航空母舰驶抵诺福克，停泊在第12号码头上。美国海军决定直接在停泊中的"英仙座"号航空母舰上进行弹射试验，在2月12日—2月15日间，先后以F2H"女妖"战机、F3D"空中骑士"与F9F-2"豹"式战机等多种美制机型进行了蒸汽弹射测试，所有的试验都获得成功。

其中最让人印象深刻的是F3D"空中骑士"战机的第一次弹射测试，在这次弹射中，飞行甲板处于10节顺风状态，但BSX-1仍成功将F3D"空中骑士"战机弹射升空。而原先使用H8液压弹射器弹射同等起飞重量的F3D"空中骑士"战机时，至少需要28~30节的迎头逆风帮助，才能让F3D"空中骑士"

右图：英国海军在"英仙座"号航空母舰上进行的蒸汽弹射器试验，该试验吸引了美国海军注意，特别邀请该舰前往美国，于1951年底至1952年初在美国东岸进行了一连串成功的展示，随后美国便决定引进蒸汽弹射器。（美国海军图片）

战机弹射升空，两相对照下，BSX-1不仅不需要逆风的帮助，甚至在不利于飞机起飞的顺风情况下也能完成弹射，显示出绝对的性能优势。

　　亲眼见证蒸汽弹射器的威力后，当时的大西洋舰队航空部队司令巴伦坦（John Ballentine）中将不禁转头向一同参观试验的赖赛雷尔（Russ Reiserer）中尉说："我要蒸汽弹射器！"并在返回办公室的路上立即着手此事，直接向海军作战部长费克特勒提出引进蒸汽弹射器的要求。美国海军高层也很快批准了向英国直接购买5套，以及在授权下由美国自行建造蒸汽弹射器的提议。

另一种开槽汽缸弹射器——火药驱动式弹射器的发展

如前所述，美国海军在1945年便开始发展利用火药爆炸气体驱动的开槽汽缸弹射器，不过直到1951年底才完成第一套原型系统C 1弹射器的安装，开始进行实际测试。到该年4月为止的试验中，C 1展现了将3万磅重物体加速到60节的性能（使用32组100磅的装药），稍后相关部件被拆解并转用到C10弹射器的测试中。

C 1仅属于试验性质，以C 1为基础，美国海军预定为当时规划中的"福莱斯特"级航空母舰与"埃塞克斯"级现代化计划发展两种火药驱动开槽汽缸弹射器，一种是高功率、用于弹射大型轰炸机的C 7，另一种是低功率、用于弹射战斗机的C 10弹射器。"福莱斯特"级航空母舰预定装备C 7与C 10各2套，而"埃塞克斯"级航空母舰则预定在SCB 27C改装工程中安装2套C 10。其中C 7具备弹射7万磅级机体的能力，而C 10则可将4万磅重机体加速到125节。

不过到了这个时候，英国开发的蒸汽弹射器已经显露出更强的实用性与发展潜力，当英国的蒸汽弹射器技术展示舰"英仙座"号航空母舰于1952年1—3月间在美国的实际展示过后，美国海军迅速放弃了火药驱动弹射器的发展，决定引进英国的蒸汽弹射器。

于是C 7弹射器被重新设计为蒸汽弹射器，C 10弹射器则被引进的英国制BSX-1蒸汽弹射器取代（美军的编号是C 11）。后来海军内部虽然有人建议将C 10弹射器从火药驱动改为液氧汽油驱动，在1953年时还有人提议将C 10的缩小版衍生型Mod.3用于护航航空母舰（CVE）上，但都未被接受，于是历时15年、耗费2000万美元的发展资金后，火药驱动开槽汽缸弹射器的发展至此宣告终止。

BSX-1在英国测试时，都是使用皇家海军标准的每平方英寸400磅蒸汽压力作业，不过美国海军希望能使用他们标准的每平方英寸550磅蒸汽压力。因此"英仙座"号航空母舰在费城与诺福克的测试中，都是由"格林"号驱逐舰（USS Greene DD 266）向"英仙座"号航空母舰提供每平方英寸550磅的蒸汽，作为BSX-1的弹射动力，较英国海军测试时使用的蒸汽压力更高。虽然掌管海军航空局舰艇设备部门的布朗（Sheldon Brown）上校担心"英仙座"号航空母舰上的这套设备无法在美制推进机关的每平方英寸600磅蒸汽压力下运作，但最后的结果证明布朗的担忧是多余的[1]。

"英仙座"号航空母舰在

---

[1] 英国皇家海军的蒸汽锅炉标准作业条件略低于美国海军，二战时期皇家海军的标准蒸汽作业条件是每平方英寸400磅至每平方英寸440磅与600℉～750℉，与美国海军二战前的标准相当，不过后来美国海军在二战中改用更高的每平方英寸565磅至每平方英寸600磅与850℉～900℉标准，战后又进一步提高到每平方英寸1200磅与950℉。

美国一共进行了大约140次弹射测试，然后于3月21日返回英国普茨茅斯（Portsmouth），拆掉BSX-1弹射器改为飞机运输舰使用，总计"英仙座"号航空母舰一共进行了多达1560次弹射测试，为蒸汽弹射器的发展立下了重要功劳。

上图：在"英仙座"号航空母舰BSX-1原型蒸汽弹射器上准备弹射的美国海军AD-1"天袭者"（Skyraider）攻击机，"英仙座"号航空母舰受邀前往美国进行的蒸汽弹射器展示试验大获成功，促使美国海军决定引进英国设计的蒸汽弹射器。（美国海军图片）

蒸汽弹射器的
普及与演进

基于一连串成功的试验成果，英国皇家海军决定全面采用蒸汽弹射器，由布朗兄弟公司负责制造量产型弹射器。

美国海军也决定从英国引进蒸汽弹射器，除直接购买外，还通过授权由美国厂商自行制造生产，同时还有进一步的发展。

于是接下来的蒸汽弹射器发展，便形成了英国系与美国系两大路线，虽然两者的基本原理与构造均源自BSX–1原型蒸汽弹射器，不过由于英、美两国海军的需求与条件不同，连带也造成英系与美系蒸汽弹射器之间的微妙差异。

蒸汽弹射器的实用化

皇家海军第1艘安装实用型蒸汽弹射器的航空母舰是"皇家方舟"号。"皇家方舟"号航空母舰原本预定安装与其姊妹舰"老鹰"号航空母舰相同的2套BH5液压弹射器，不过鉴于蒸汽弹射器的试验成效，便在建造过程中决定改换为2套BS4蒸汽弹射器。

右图："皇家方舟"号航空
母舰是世界上第1艘配备实
用型蒸汽弹射器的航空母
舰，在1955年2月服役时于
舰艏甲板安装了2套BS4蒸汽
弹射器。图片为刚服役时的
"皇家方舟"号航空母舰。
"皇家方舟"号航空母舰
使用BS4直到1966年底，然后
在1967—1970年的大改装中
被换成更新型的BS5弹射器。
（知书房档案）

　　BS4是安装在"英仙座"号航空母舰上的BSX-1原型弹射
器量产型，可将3万磅重的机体加速到105节，或将1.5万磅重的
机体加速到130节，能满足皇家海军即将投入服役的新型战机超
级马林"弯刀"（Scimitar）与德·哈维兰"海雌狐"战机的弹
射需求（最大起飞重量分别为3.3万磅与4.2万磅）。而1955年2
月正式投入服役的"皇家方舟"号航空母舰，成为世界上第1艘
配备实用型蒸汽弹射器的航空母舰，同时也是第1艘在完工时便
配有蒸汽弹射器的航空母舰。

　　BS4弹射器的引进，虽然赋予"皇家方舟"号航空母舰操
作新1代舰载喷气式飞机的能力，然而这套弹射器也给"皇家
方舟"号航空母舰带来了不少麻烦，如连接飞机与飞行甲板用
的弹射锚杆（Holdback Anchors）阻尼设定不恰当，导致飞机在
弹射时过早脱离；当要快速重置弹射器时（也就是将弹射后的
弹射滑车与活塞从滑轨末端拉回到初始位置），活塞与弹射滑
车机构的抓取、收回与归位动作经常失败；由于润滑不佳与轻
微的校准不正，以致导引活塞寿命过短，只能使用700～800次
（弹射）；回收滑车（Retracting Jigger）的缆线经常失效等。

　　在该舰服役的丹尼生（Denison）少校指出，前述经常性的

左图：安装在"皇家方舟"号航空母舰上的BS4蒸汽弹射器，是安装在帕修斯上的BSX-1原型弹射器量产型，可将3万磅重的机体加速到105节，或将1.5万磅重的机体加速到130节，能满足当时皇家海军两种即将投入服役的新型战机——超级马林"弯刀"与德·哈维兰"海雌狐"战机的弹射需求。图片为1957年在"皇家方舟"号航空母舰上进行弹射测试的"弯刀"战机预量产型机。（知书房档案）

小故障，不仅影响了该舰的作业效率，也让舰上的工程部门陷入困境，于是他建议增加专责人力来应付这些麻烦：为每套弹射器配置1组由1名军官与10名技师组成的专责小组，1个小组可照看2套轮流运行的弹射器，若有4套弹射器则须配置2个小组。

实际操作经验显示，理想情况下BS4可达到设计时预定的30秒弹射作业间隔，只要让"皇家方舟"号航空母舰舰艏两舷的2组弹射器依序运作，便可达到15秒的弹射作业间隔，也就是每15秒便能弹射1架飞机。至于蒸汽的消耗量则为每次弹射大约消耗半吨，以一个10小时的飞行任务周期来说，2套BS4每小时可弹射6架飞机，总共消耗32.5吨蒸汽，其中有7.5吨用于预热。若不进行弹射，但仍要维持待机状态，2套弹射器需要消耗26吨蒸汽，其中8吨用于维持汽缸的预热。

米切尔的蒸汽弹射器设计性能，主要受可用的弹射行程与活塞减速行程所制约，通过蒸汽接收器获得的蒸汽致动能量十分充裕，如果航空母舰甲板空间允许装设长度更长的汽缸，蒸汽弹射器便能通过拉长弹射行程来获得更大的牵引力量。"皇家方舟"号航空母舰最初安装的BS4是全长151英尺的版本，授权美国生产的版本则是延长到250英尺的衍生型，用于搭配舰体

弹射锚杆

固定杆是一种重要的弹射辅助装置。当飞机弹射时，为了能在短时间内达到最大加速度，会先安装弹射锚杆，弹射锚杆的一端拴在飞行甲板上，另一端则拴在飞机机身或前架上。开始弹射时，飞机松开制动机构，弹射器的蒸汽接收器也开始吸入蒸汽，随着蒸汽压力增加，活塞便通过弹射滑车与牵引钢索（或弹射开始向飞机施加牵引力量，但弹射锚杆会拴住飞机，直到牵引力量超过一个固定值时，弹射锚杆内的张力拴（Tension Bar）才会断开，让飞机开始滑行。弹射锚杆这种机构，可使飞机在弹射牵引力量增大到一定值以后才开始滑行，在滑行的一开始便获得足够大的初始牵引力，而不需要慢慢等待牵引力的增加。

上图：图中箭头所指处，两头分别钩在机尾与甲板上的杆子，便是弹射锚杆。（知书房档案）

长度更长的美国航空母舰，其弹射性能也更好，可将4万磅重机体加速到125节。

英制蒸汽弹射器的普及

继"皇家方舟"号航空母舰之后，接下来皇家海军其他航空母舰也陆续在大修改装中安装了蒸汽弹射器。

最先是二战时期留下来的"胜利"号航空母舰，该舰于1950—1957年为期8年的大规模重建工程中，于1956年安装了2套BS4弹射器，不过受限于"胜利"号航空母舰较小的舰体，这2套BS4的弹射行程被缩短到145英尺，性能略低于"皇家方舟"号航空母舰上的版本。

随后皇家海军的"半人马座"号航空母舰也在1958年的大修中安装了2套弹射行程，进一步缩短到139英尺的BS4弹射器，替换了该舰原先配备的BH5液压弹射器。1959年才完工服役的"半人马座"级4号舰"竞技神"号，由于建造工程迟延，到1953年才下水，因此得以在建造过程中安装了2

上图与下图："胜利"号航空母舰在1950—1957年的大规模现代化改装工程中，增设了包括舰艏2套BS4弹射器在内的一系列新设备，下图为NA.39"掠夺者"式攻击机原型机在"胜利"号航空母舰上利用BS4弹射器进行弹射起飞试验的情形。（英国国防部图片）

套BS4蒸汽弹射器，但"竞技神"号航空母舰配备的BS4是弹射行程更短的103英尺版本，也是安装在舰艏左右两舷的。

接下来几艘被转卖给其他国家的前英国海军未完工航空母舰，也在转卖后重新展开的建造工程中引进了蒸汽弹射器。澳大利亚的"墨尔本"号与加拿大的"邦纳文彻"号这2艘航空母舰，分别在1955年与1957年完成的建造工程中安装了BS4蒸汽弹射器。

由于"邦纳文彻"号与"墨尔本"号都是较小型的"庄严"级航空母舰，空间余裕有限，因此都只在甲板左舷安装1套BS4，并且是弹射行程仅103英尺的缩短型版本。另外同属"庄严"级航空母舰、被转卖给印度海军的"维克兰特"号航空母舰，也在1957—1961年的建造工程中安装了1套BS4。

较特别的是荷兰海军的"卡尔·多尔曼"号与巴西海军的"米纳斯·吉纳斯"号这2艘前英国海军"巨人"级航空母舰，都是由荷兰船厂负责改装的，不像前述各舰是由英国船厂改装的。

"卡尔·多尔曼"号航空母舰在1948年便进入荷兰海军服役，参照英国皇家海军的经验，荷兰海军在1955—1958年间为"卡尔·多尔曼"号航空母舰进行了大规模现代化改装工程，由荷兰威尔顿费吉诺（Wilton-Fijenoord）船厂增设了包括8度斜角甲板与蒸汽弹射器在内的新设备。荷兰海军为该舰安装的蒸汽弹射器形式不详，可能是145英尺长行程版本BS4的衍生型。该舰后来又在1969年被转卖给阿根廷，成为阿根廷海军的"五月二十五日"号航空母舰（ARA Veinticinco de Mayo）。

而前"巨人"级航空母舰"复仇"号在1956年12月被转卖给巴西后，巴西将该舰交给荷兰鹿特丹的福尔默船厂进行大规模现代化改装，增设包括8.5度斜角甲板与蒸汽弹射器在内的众多新设备，然后在4年后的1960年4月，以"米纳斯·吉纳斯"号的新舰名进入巴西海军服役。特别的是该舰安装的并非英国布朗兄弟公司制造的原版蒸汽弹射器，而是另一家英国麦克塔格特史考特公司制造的C3蒸汽弹射器，目前的文献对于这款C3弹射器的记载不多，或许是麦克塔格特史考特公司按照巴西海军要求而制造的某种BS4修改版，从照片看来，"米纳斯·吉纳斯"号航空母舰这套弹射器的弹射行程至少有140英尺长，性能据说是以操作3万磅等级舰载机为基准的。

　　另外值得一提的是，"竞技神"号与"墨尔本"号2艘配备BS4弹射器的航空母舰，在服役生涯中曾对BS4进行了延长弹射行程的改进。首先是皇家海军的"竞技神"号航空母舰，为了能操作新型的"掠夺者"（Buccaneer）S2攻击机并改善操作"海雌狐"战机的能力，"竞技神"号航空母舰在1964—1967年的大修工程中，将舰艉左舷BS4弹射器从103英尺弹射行程的版本改装为更强力的145英尺弹射行程版本。当该舰于1966年5月完成改装并重新服役后，便配属了1支由7架"掠夺者"S2组成的攻击机中队。

　　此外，当皇家海军于1963—1964年间考虑引进美制的F-4"鬼怪"（Phantom Ⅱ）战机时，"竞技神"号航空母舰也曾一度被列在操作F-4"鬼怪"战机的名单

上图：加拿大的"邦纳文彻"号与澳大利亚的"墨尔本"号同属"庄严"级航空母舰，受限于较小的舰体，只能在舰艉左舷配备1套缩短的BS4弹射器。要特别注意的是，"邦纳文彻"号航空母舰虽由英国设计建造，配备的也是英制弹射器，不过电子设备与舰载机都是美制的，上图中可见到"邦纳文彻"号航空母舰甲板上停放的S-2"追踪者"反潜机，下图为正利用"邦纳文彻"号航空母舰左舷BS4弹射器弹射起飞的加拿大海军所属美制F2H-3"女妖"战机。（英国国防部图片）

上图：1955年10月28日服役的"墨尔本"号航空母舰，是继英国的"皇家方舟"号航空母舰与美国的"福莱斯特"号航空母舰之后，第3艘在完工时便同时配备了斜角甲板与蒸汽弹射器的航空母舰，也让澳大利亚成为第三个运用蒸汽弹射器的国家。上为"墨尔本"号航空母舰在20世纪50年代后期一次演习中，一边为"速配"号反潜护卫舰（HMAS Quickmatch）补给燃料，一边利用舰艏BS4蒸汽弹射器弹射"塘鹅"反潜机；下为"墨尔本"号航空母舰上的BS4弹射器弹射滑车滑轨特写，从甲板上停放的S-2E"追踪者"反潜机可知这是1971年"墨尔本"号航空母舰改装后的状态。（英国国防部图片）

中[1]。不过随着英国国防政策转变，在"竞技神"号航空母舰上部署"鬼怪"〔Phantom FG.1（fighter/ground attack）〕战机的构想很早就被放弃，该舰并未完成操作"鬼怪"FG.1所需的完整改装，后来更在1971—1973

---

[1] 英国海军部最高委员会委员约翰·海（John Hay）于1964年3月2日接受国会质询时，表示将在"竞技神"号、"老鹰"号与新航空母舰上操作"鬼怪"FG.1战机。虽然有议员质疑能否在"竞技神"号这样小的航空母舰上安全操作"鬼怪"FG.1战机，并举证美国国防部长麦克纳马拉曾提出的"无法在3.1万吨航空母舰上安全操作'鬼怪'战机"说法，而且"竞技神"号航空母舰的排水量更小（2.3万吨），显然更难以满足操作"鬼怪"FG.1战机的需求。但约翰·海在回复时坚称，皇家海军的专家研究后，认为"竞技神"号航空母舰可以操作"鬼怪"FG.1战机。就弹射器规格来看，"竞技神"号航空母舰改装后的左舷长行程版BS4弹射器，性能与配备在"老鹰"号与"皇家方舟"号航空母舰上的短行程版BS5弹射器相去不远，若有适当的甲板风帮助，理应足以让轻载状态的"鬼怪"FG.1战机弹射起飞。

年的改装中拆掉弹射器，改装为支援两栖作战用的突击航空母舰（Commando Carrier）。

澳大利亚海军为了替换老旧的"海毒液"战机与"塘鹅"（Gannet）反潜机，在1968年引进了美制的A-4G"天鹰"（Skyhawk）攻击机与S-2E"追踪者"（Tracker）反潜机，为了应对这批新舰载机的到来，"墨尔本"号航空母舰也在1967年12月至1969年2月的大修中，进行了对于包括飞行甲板、舰壳、主机、弹射器与拦阻索在内的全面翻修。

接下来"墨尔本"号航空母舰便于1969年初搭配全新组成的舰载航空联队重新服役，为了更充分地应对新型舰载机的操作需求，"墨尔本"号航空母舰很快又在1971年的大修中，对BS4弹射器进行了重建工程。这次重建使用了来自加拿大刚退役的"邦纳文彻"号航空母舰的BS4弹射器零组件（"邦纳文彻"号航空母舰在1970年7月退役），同时将BS4弹射器的弹射行程延长了9英尺，从原先的103英尺延长到112英尺，略为提高了性能，并在弹射器末端增设突出于舰艏的钢索捕捉器构造，用于回收弹射飞机用的牵引钢索。特别是弹射器的汽缸前端一部分被安置到钢索捕捉器结构内，以避免加长后的弹射器影响舰体结构。后来"墨尔本"号航空母舰在1985年被卖给中国后，被中国仔细拆解研究的便是这套修改后的BS4弹射器。

英国海军的第2代蒸汽弹射器

要提高蒸汽弹射器的性能，最直接的方法便是延长弹射行程或提高蒸汽作业压力。不过对皇家海军来说，受限于较小的航空母舰尺寸，弹射行程难以延长到让人满意的程度。至于提高蒸汽作业压力又直接与航空母舰主机锅炉的作业条件有关，这牵涉主机的设计，并关乎整个舰队的蒸汽作业统一标准制定问题，因此弹射器的蒸汽作业压力也无法任意提高。皇家海军只能另辟蹊径，设法寻求提高蒸汽弹射器性能的方法。

上图：澳大利亚海军的"墨尔本"号航空母舰在1955年底完工服役时，便配有1套BS4蒸汽弹射器，后来在1971年开始的改装工程中将这套BS4的弹射行程延长了9英尺，为了减少对飞行甲板的影响，修改后的弹射器把汽缸前端一部分往前挪到舰艏增设的钢索捕捉器角形突出结构中，图片为改装中的"墨尔本"号航空母舰，上为容纳弹射器汽缸的箱型构造，下为突出在舰艏外的钢索捕捉器构造，这个构造的主要目的是回收弹射用的牵引钢索。（澳大利亚海军图片）

随着操作经验增加，皇家海军发现：随着弹射器弹射行程的延长，蒸汽压力在管路中的下降，将成为另一个制约蒸汽弹射器性能的因素。解决方法分为2方面，①将弹射阀从旋转式改为回转式，以确保弹射阀开启后的管路空间相当于蒸汽馈入管路的整个直径，让蒸汽能毫无阻碍地通过弹射阀。②将原先直接接收来自主机锅炉过热蒸汽的蒸汽接收器，改为1套湿蒸汽收集器。通过增设的注水管路，可使湿蒸汽接收器持续保持有1/3的容积都装了水，当开启弹射阀让蒸汽进入动力汽缸、借以推动活塞时，湿蒸汽接收器内的压力降低将会导致其内的水快速挥发生成额外的蒸汽，从而降低压力下降的幅度。

试验显示，在相同的蒸汽接收器体积下，若改用湿蒸汽收集器，则蒸汽接收器内的压力下降幅度仅为传统"干"蒸汽接收器的1/3，因而能提供给弹射活塞更大的推进力量。

作为先期试验，"皇家方舟"号航空母舰在1959年时为左舷的BS4弹射器引进了前述改进措施，测试结果显示可提高12%的性能。后来皇家海军把采用前述改进措施的改良型弹射器重新命名为BS5[1]，第1艘配备这款新型弹射器的航空母舰是"老鹰"号航空母舰，在1959—1964年为期4年半的大改装中安装了2套BS5，取代了该舰原先采用的BH5液压弹射器，其中1套安装在舰艏左舷的BS5为151英尺弹射行程版本，另1套安装在舰舯左舷、靠斜角甲板前端的BS5则为较长的199英尺弹射行程版本。

　　后来"皇家方舟"号航空母舰在1967—1970年的大改装中，也采用了类似"老鹰"号航空母舰的一长一短2套BS5弹射器配备，取代了旧的BS4弹射器。

　　BS5弹射器同样采用每平方英寸400磅的作业压力，但通过改用湿蒸汽收集器，以及延长弹射行程[2]，弹射能力有所提高，赋予了"老鹰"号与"皇家方舟"号航空母舰操作

[1] 除了引进湿蒸汽收集器外，某些资料称BS5弹射器还增设了高压蒸汽回收机构，可让弹射器汽缸内的蒸汽重新回收到主蒸汽系统，回收一部分蒸汽，借此减少弹射器的蒸汽消耗量，减少对淡水的需求。

[2] 只有BS5A延长了弹射行程，标准版的BS5弹射行程与旧式的长行程版BS4相当。

上图："老鹰"号（1964年以后）与"皇家方舟"号航空母舰（1970年以后）所配备的BS5弹射器，是英国的第2代弹射器，也是英国实际使用过的最强力蒸汽弹射器，足可应对最大起飞重量将近6万磅的"鬼怪"FG.1与"掠夺者"S.2战机弹射起飞需求。图片为1970年完成第4次大改装后的"皇家方舟"号航空母舰，可见到甲板上一共配有2套BS5弹射器，由于舰艏空间较为局促，不能配备太长的弹射器（否则会干扰后方飞行甲板的配置），所以舰艏左舷配备的是151英尺弹射行程版本，舰舯斜角甲板左侧配备的则是更长的199英尺弹射行程版本，理论上2套弹射器都能弹射"鬼怪"FG.1战机，只是使用舰艏弹射器时需要更大的甲板风配合，不过从目前能找到的照片看来，"皇家方舟"号航空母舰似乎大都还是使用性能较好的舰舯那套BS5来弹射"鬼怪"FG.1战机。（英国国防部图片）

上图：单靠BS5弹射器，要弹射满载达到5.5万磅等级的"鬼怪"FG.1战机与"掠夺者"S.2攻击机2种新型舰载机仍略显吃力，因此这两种机型都有抬高机头、通过增加攻角获得额外升力，以改善起飞性能的设计，"鬼怪"FG.1战机通过特别加高到40英寸的鼻轮起落架，将机头抬高到9度（如上图）；"掠夺者"S.2攻击机则是在机尾设置一个滑跷，可将机头抬起11度（如下图）。（英国国防部图片）

最大起飞重量达到5.5万磅等级的"鬼怪"FG.1战机与"掠夺者"S.2攻击机的能力[1]。不过，受到英国政府在1966—1967年提出的战略收缩政策影响，皇家海军决定只在"皇家方舟"号航空母舰上配备"鬼怪"FG.1战机，最后只有"皇家方舟"号航空母舰接受了对于包括弹射器、拦阻索、升降机等方面的完整改进，至于"老鹰"号航空母舰只引进了新的BS5弹射器，其余方面的改进则未实施。

　　除了英国外，法国海军也向英国购入了4套BS5弹射器，安装在

[1] 实际上，BS5的性能对于弹射"鬼怪"FG.1与"掠夺者"S.2攻击机来说仍稍有不足，因此"鬼怪"FG.1与"掠夺者"S.2两种机型为了能搭配弹射行程有限的BS5弹射器运作，在机体设计上都下了不少功夫。如两者采用了向襟翼吹气的边界层控制（BLC）技术，并能在起飞时抬高机头来增加攻角，借此提高升力，从而降低起飞速度需求，能以更低的速度弹射起飞。"鬼怪"FG.1战机通过特别加高到40英寸的鼻轮起落架，来将机头抬高到9度；"掠夺者"S.2攻击机则在机尾设置一个滑跷，可将机头抬起11度。"鬼怪"FG.1战机另外还改用了比美国原版F-4"鬼怪"战机推力增加20%的斯贝（Spey）涡轮扇发动机，来增加起飞时的推重比。不过，即使采用了这样多的应对措施，"皇家方舟"号航空母舰在运用"鬼怪"FG.1战机时，仍旧必须使用弹射行程较长的舰艏左舷弹射器，才能让"鬼怪"FG.1战机以最大起飞重量升空。

1961年与1963年服役的2艘"克列孟梭"级（Clemenceau Class）航空母舰上，每艘都配备2套151英尺弹射行程版的BS5，1套安装在舰艏靠左舷位置，另1套安装在斜角甲板左侧前端，可将3.3万磅至4.4万磅重的机体加速到110节，足以操作当时法国海军使用的F-8E"十字军战士"（Crusader）战机与"军旗"（Etendard）IV攻击机（起飞重量分别为3万磅与2.2万磅等级）。

后来皇家飞机研究所与布朗兄弟公司对蒸汽弹射器的设计做了许多改进与试验，包括改用更高的蒸汽压力（每平方英寸1000磅）、将弹射行程拉长到至少199英尺等，并着手开发预定用在CVA-01大型航空母舰上的BS6蒸汽弹射器。

BS6的弹射行程增加到250英尺，并能搭配CVA-01预定采用的新型高温高压锅炉作业（每平方英寸1000磅与1000°F），预计可将7万磅重的机体以100节速度射出，对"鬼怪"FG.1战

英制蒸汽弹射器基本参数

国别	型号	类型	弹射能力*	弹射行程	安装长度	搭载舰艇
英国	BSX-1	蒸汽	—	150英尺	203英尺	"英仙座"号（×1/1951）
	BS4	蒸汽	30000磅/110节 40000磅/78节	103英尺	160英尺	"墨尔本"号（×1/1955）/"波纳文都"号（×1/1957）/"赫密士"号（×2/1959）
	BS4A	蒸汽	50000磅/87节	145英尺	180/200英尺	"胜利"号（×2/1960）/"赫密士"号（舰艏左舷×1/1966）
	BS4B	蒸汽	50000磅/94节	151英尺	—	"皇家方舟"号（×2/1970）
	BS4C	蒸汽	35000磅/99节	139英尺	—	"半人马座"号（×2/1958）
	BS4M	蒸汽	—	112英尺	169英尺	"墨尔本"号（×1/1972）
	BS5	蒸汽	35000磅/126节 50000磅/91节	151英尺	220英尺	"老鹰"号（舰艏×1/1964）/"皇家方舟"号（舰艏×1/1970）/"克里蒙梭"号（×2/1961）/"福熙"号（×2/1963）
	BS5A	蒸汽	35000磅/145节 60000磅/95节	199英尺	268英尺	"老鹰"号（舰艉×1/1964）/"皇家方舟"号（舰艉×1/1970）
	BS6	蒸汽	60000磅/120节 70000磅/100节	250英尺	320英尺	CVA-01（×2）

*起飞重量／弹射末端速度。

上图：法国海军在20世纪60年代初期服役的2艘"克列孟梭"级航空母舰，引进英国制的BS5蒸汽弹射器，在舰艏左侧与舰艉斜角甲板左舷各安装了1套151英尺弹射行程的BS5弹射器。图片为"克列孟梭"级2号舰"福熙"号（FNS Foch R 99）。（知书房档案）

上图：CVA-01航空母舰配备的BS6弹射器，是英制蒸汽弹射器的技术顶峰，性能接近美国海军的C 13弹射器。不过，随着CVA-01计划的取消，BS6也跟着无疾而终，此后英国再也没有发展新型弹射器。图为CVA-01，舰艏右舷与舰艉左舷各配备1套BS6弹射器，2组弹射器前端还设有回收牵引钢索的钢索捕捉器。（英国国防部图片）

机与"掠夺者"S.2攻击机这类6万磅等级机体则能达到120节以上的末端速度，是英制蒸汽弹射器的性能顶峰（但仍逊于美国的C 13弹射器），另外还考虑引进美国在C 13弹射器上应用的弹射杆牵引机构。皇家海军规划中的CVA-01航空母舰预定配备2套BS6弹射器，1套设于舰艏，另1套位于舰艉左舷。

不过，随着英国政府在1966年《国防检讨》（Defence Review）报告中取消了CVA-01建造计划，并大幅缩减了对于苏伊士以东区域的防务承诺，随后在下一份国防检讨报告中，又进一步落实了放弃苏伊士以东区域驻军的战略构想，并让现役航空母舰陆续退役，对新型蒸汽弹射器的需求也跟着消失，BS6最终未能发展完成，此后英国再也没有发展新的蒸汽弹射器。

美国海军的蒸汽弹射器应用

英国的"英仙座"号航空母舰结束在美国的蒸汽弹射器展示活动，于1952年3月返回英国后，美国海军马上便在该年4月决定引进蒸汽弹射器，并立即派

BS5蒸汽弹射器性能（151英尺弹射行程）*

重量(kg)	弹射速度(节)	加速度
3000	120	4.2g
3000	105	3.2g
6000	120	4.2g
6000	110	3.5g
7000	115	4.0g
7000	108	3.5g
10000	115	4.0g
10000	105	3.3g
15000	105	3.5g
20000	90	2.8g

*引自法国海军"克列孟梭"级航空母舰配备的BS5弹射器数据。

遣一个由3名上校与1名中校组成的代表团前往英国，负责调查蒸汽弹射器相关技术资料，同时洽谈授权给美国自行制造蒸汽弹射器的事宜。

在自行产制蒸汽弹射器之前，美国海军先直接向布朗兄弟公司购入5套BSX-1蒸汽弹射器的美国版，美国海军给予的编号是C 11。其中1套安装在费城海军航空物资中心（Naval Air Material Center）供测试使用，剩余4套则预定安装到正封存于普吉特湾（Puget Sound）海军船厂的"汉考克"号与"提康德罗加"号这2艘"埃塞克斯"级航空母舰上。

美国海军自身独立进行的蒸汽弹射器测试从于费城海军航空物资中心进行的地面测试开始。1953年12月3日，负责航空业务的海军部长助理史密斯（James Smith）亲自按下弹射阀启动钮，将1架F9F-6"美洲狮"战机弹射升空，完成了美国自己拥有的弹射器首次弹射作业。几分钟后，1架AD"天袭者"攻击机也跟着弹射升空，这架"天袭者"的驾驶员费特纳（E.L.Feightner）中校这样描述他的首次弹射感想："蒸汽弹射器与我所曾经历过的其他弹射方式之间有极大差别，它开始时很缓慢，到结束时迅速加速，这对飞行员来说好多了。我之前

上图：在实际展开海上测试之前，美国海军先利用费城海军船厂的陆基设施，进行了初步的蒸汽弹射器试验，图片为1架F7U "弯刀" 式战机在费城海军船厂以陆基蒸汽弹射器弹射起飞的情形。（美国海军图片）

并没有这种弹射器上弹射过，所以我绷紧了神经做好准备，不过预期中的冲击并没有发生，弹射是这样的平顺，此后任何情况下我都不需要绷紧神经。"

与先前的液压弹射器相比，液压弹射器大约在1/3行程处就会达到最大速度，由于达到最大速度时的弹射行程相对较短，飞机与飞行员承受着高达5G的弹射加速度负荷。而蒸汽弹射器则是在2/3行程处才会达到最大速度，弹射过程相对和缓许多，最大加速度负荷为4g至5g。

进行了陆基的弹射器试验后，美国海军选择改装进度较快的 "汉考克" 号航空母舰作为蒸汽弹射器试验舰，2个月后的1954年2月9日，美国海军在正于普吉特湾海军船厂进行最后舾装与调整作业的 "汉考克" 号航空母舰上，展开了代号 "试射行动"（Operation Test Fire）的蒸汽弹射器静负载测试，使用可调节负载重量的滑车来作为弹射目标，模拟舰载机的弹射（这种滑车载具本身不带推力，所以称作 "静" 负载）。

在一系列静负载弹射测试中， "汉考克" 号航空母舰上的C 11弹射器获得了将2.367万磅静负载以138节速度射出、将5.53万磅负载以109.5节速度射出的成绩，满足了美国海军的需求。

"汉考克" 号航空母舰的改装工程于1954年5月暂告一段落，完成初步试航后，该舰随即投入了蒸汽弹射器的实际海上测试。在太平洋舰队海军航空部队与海军航空局主导下，美国海军于加州外海展开了代号 "蒸汽计划"（Project Steam）的蒸汽弹射器测试。测试中直接使用来自太平洋舰队的飞行员与所属飞机，并由来自费城海军测试中心的工程师与帕图森河海军航空测试中心的测试专家提供协助。

1954年6月1日， "汉考克" 号航空母舰使用舰艉左舷的C

11弹射器，将杰克森（Henry Jackson）中校驾驶的S2F-1"追踪者"反潜机弹射升空，完成了美国海军史上首次蒸汽弹射器的海上弹射操作。在整整1个月中，美国海军在"汉考克"号航空母舰上以S2F、A9-1、AD-5、F2H-3、F2H-4、FJ-2、F7U-3与F3D-2这8种现役舰载机一共累积了254次弹射纪录。

"汉考克"号航空母舰的弹射试验十分成功，只发生一起因制动系统中的水泄漏到动力汽缸中，造成弹射动力不足，以致弹射飞机坠海的意外。不过这个问题在现场便得到分析、确认与修正，接下来弹射器的相关管路与连接机构都有让人满意的表现。在这次海上测试中，也测试并确认了搭配弹射器的活塞回缩复位与弹射滑车系结相关机构的可靠性。

基于试验结果，联合试验小组对弹射器设计与操作提出了一些改进提议，在完成这些改进后，联合测试小组于1955年2月18日正式做出了"可将蒸汽弹射器投入舰队运用"的结论，此时距美国海军决定引进蒸汽弹射器已过了将近3年时间。

蒸汽弹射器在美国海军的普及

继前5套购自英国原厂生产的蒸汽弹射器后，从第6套起，

左图："埃塞克斯"级的"汉考克"号航空母舰是美国海军第1艘配备蒸汽弹射器的航空母舰，安装了2套英国布朗兄弟公司原厂制造的蒸汽弹射器。上为1954年3月4日刚完成SCB 27C现代化工程的"汉考克"号航空母舰，其舰艏增设了2套C 11蒸汽弹射器。（知书房档案）

本页图：上为1954年6月1日在"汉考克"号航空母舰上进行的弹射试验中，由杰克森中校驾驶的S2F-1"追踪者"反潜机完成美国海军史上首次航空母舰蒸汽弹射起飞的历史镜头。在这次代号"蒸汽计划"的美国海军首次蒸汽弹射器海上测试中，一共用了8种机型，涵盖了当时美国海军主力舰载机，下图中由上到下分别为FJ-2"狂怒"、F3D"空中骑士"与AJ-1"野人"战机，测试结果极为成功。（美国海军图片）

后续所有C 11蒸汽弹射器都是由美国自行制造的，并且都被特别修改成在更高的蒸汽作业条件（每平方英寸550磅）下运作的形式（不过英国原版的BSX-1实际上已能在每平方英寸550磅蒸汽压力下运作）。

除此之外，美国海军也以从英国引进的蒸汽弹射器为基础，发展了一系列改进型弹射器，以提供更好的弹射性能，包括将C 11弹射行程从150英尺延长到215英尺的C 11 Mod.1，以及弹射行程延长到250英尺的C 7。更长的弹射行程，可提供更高的弹射能量，以便操作更大、更重，或对起飞速度有更高需求的新型舰载机。

C 11蒸汽弹射器被列入美国海军针对"埃塞克斯"级航空母舰的SCB 27C现代化计划，以及针对"中途岛"级航空母舰的SCB 110现代化计划重点项目。包括安装英国原版蒸汽弹射器的"汉考克"号与"提康德罗加"号航空母舰在内，从1951年底到1955年一共有6

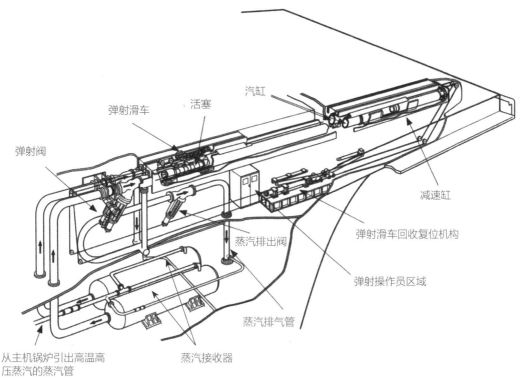

上图：C 11蒸汽弹射器剖面图。C 11是英国BSX-1弹射器的美国版，主要差别在于C 11把蒸汽作业条件从英国标准的每平方英寸400磅调整为美国海军标准的每平方英寸550磅。（美国海军图片）

艘"埃塞克斯"级航空母舰在SCB 27C计划中安装了C 11弹射器（含CVA 11、CVA 14、CVA 16、CVA 19、CVA 31与CVA 38这6艘），每艘均在舰艏配备了2套C 11。

　　较特别的是同属"埃塞克斯"级的"奥里斯坎尼"号航空母舰。一般来说，已在不久前的SCB 27A工程中改装了H8液压弹射器的"埃塞克斯"级航空母舰，不会再换装C 11蒸汽弹射器[1]。"奥里斯坎尼"号航空母舰的建造工程虽曾一度因二战结束而中断，但后来重新开工时便直接依照SCB 27A的新规格建造，配备了H8弹射器，后来又在1956—1958年间接受了SCB 125A改装工程，并在这次工程中安装了2套C 11 Mod.1弹射器，

[1] SCB 27A构型的"埃塞克斯"级航空母舰一共有8艘，这8艘因为配备的H8液压弹射器性能不足，缺乏操作新型舰载喷气式飞机的能力，均提早转为反潜航空母舰使用。

成为唯一一艘先后配备过液压弹射器与蒸汽弹射器的"埃塞克斯"级航空母舰。

"中途岛"级航空母舰中的"中途岛"号与"富兰克林·罗斯福"号航空母舰，亦在分别于1955—1957年与1954—1956年间实施的SCB 110现代化工程中，各自安装了3套C 11弹射器，舰艏位置配备2套较长的C 11 Mod.1，斜角甲板左侧则因空间较为局促，改用1套较短的C 11。

至于C 7弹射器则是给新造的"福莱斯特"级航空母舰专用的。C 7这个型号原本是美国海军自行发展的火药驱动式开槽汽缸弹射器，不过后来美国海军放弃了火药弹射机制，改用来自英国的蒸汽弹射技术，将C 7改进成为蒸汽弹射器，成为一种结合了火药驱动版C 7的基本规格与元件，以及英国蒸汽弹射机制的新型蒸汽弹射器，可视为美国自行设计的第一款蒸汽弹射器。

"福莱斯特"级各舰的弹射器配备稍有不同。头2艘"福莱斯特"号与"萨拉托加"号航空母舰采用C 7与C 11混合配置的形式，舰艏安装有2套C7弹射器，斜角甲板左侧则安装有2套C 11弹射器。不过考虑到舰载机重量日渐增加的趋势，后2艘"突击者"号（USS Ranger CVA 61）与"独立"号航空母舰（USS Independence CVA 62）便改为4具C 7弹射器的配置[1]。

改变航空母舰面貌的蒸汽弹射器

从决定引进蒸汽弹射器的1952年4月起算，短短5～6年时间内，美国海军便为13艘航空母舰配备了蒸汽弹射器。而蒸

---

[1]　弗里曼（Norman Friedman）的《美国航空母舰》（*U.S.Aircraft Carrier An Illustrated Design History*）一书的附录B（第380页）记载，C 7弹射器除了每平方英寸550磅作业压力与250英尺弹射行程的标准版本外，还发展了作业压力提高到每平方英寸1200磅、弹射行程延长到275英尺的改良版本，不过笔者没有找到这种高压、长行程版C 7的实际配备相关资料，或许是只停留在发展阶段而未实际配备，或是在更晚时候才配备到航空母舰上，所以未见于早期资料的记载中。

汽弹射器带来的效益也是惊人的，不仅能让这些航空母舰操作重量更重、对起飞速度要求更高的新一代高速舰载喷气式飞机，也赋予了较小型的"埃塞克斯"级航空母舰操作A3D"空中战士"重型舰载攻击机的能力。

自二战结束以来，美国海军最渴望的便是建立独立的海基核打击能力，在远程弹道导弹技术成熟前，唯一可用的核武投掷工具便是航空母舰搭载的重型攻击机。不过为了携带庞大笨重的早期核弹，须确保足够的航空母舰，这导致舰载攻击机存在体型过大、难以在航空母舰上运用的问题。

如美国海军的第1代舰载核攻击机AJ"野人"，便以搭配当时最大型的"中途岛"级航空母舰运用为设计基准，不过AJ"野人"凭借着拥有较佳起飞性能的活塞发动机与平直翼构型，在改装了H8液压弹射器的SCB 27A构型"埃塞克斯"级航空母舰上也能勉强运用。

但接下来的新1代重型攻击机A3D"空中战士"，由于采用了有利于高速性能、但不利于低速起飞性能的全喷气动力与后掠翼设计，虽然最大航速较AJ"野人"大幅提高了将近30%，但失速速度也增加了17%～35%，必须加速到更高的速度才能离陆升空，加上喷气发动机远比活塞发动机更为耗油，A3D"空中战士"为了保有与AJ"野人"同等或以上的承载–航程性能，起飞重量从AJ"野人"的4.5万磅等级大幅攀升到7万磅等级，这样的规格，已远远

上图：通过分别在SCB 27C与SCB 125现代化工程中换装的蒸汽弹射器与斜角甲板，赋予了二战时期建造的"埃塞克斯"级航空母舰操作20世纪50至60年代发展的新型喷气式飞机能力，图片为1964年11月拍摄的"好人理查"号航空母舰（USS Bon Homme Richard CVA 31），该舰是6艘同时接受了SCB 27C与SCB 125工程的"埃塞克斯"航空母舰之一，可见到甲板上停放了E-2"鹰眼"空中预警机、F3H"女妖"战机、A3D"空中战士"攻击机等20世纪50年代后期服役的新型舰载机。（美国海军图片）

超出H8液压弹射器的性能上限，即使是"中途岛"级航空母舰也无法操作这样重的机型。

事实上，在A3D"空中战士"攻击机首飞的1952年10月28日，除了刚在3个月前开工的"福莱斯特"号航空母舰这种7.5万吨级超级航空母舰以外，还不存在可以操作这款新机型的航空母舰，只能改用火箭助推的非常手段，才能让A3D"空中战士"攻击机从较小型的航空母舰上起飞。

不过在有了更强力的蒸汽弹射器后，情况便不同了。与H8液压弹射器相比，C11的弹射行程虽然较短（150英尺对190英尺），但能提供的弹射能量却高出2.5倍，而长行程的C 11 Mod.1可提供的能量则又比H8高出4倍。

因此所有经过SCB 27C与SCB 125A现代化工程改装的"埃塞克斯"级航空母舰，以及经过SCB110/110A工程改装的"中

下图：通过在SCB 27C现代化改装工程中安装的C 11蒸汽弹射器，让较小型的"埃塞克斯"级航空母舰也拥有运用A3D重型攻击机的能力。图片为正从"香格里拉"号航空母舰上弹射起飞的A3D"空中战士"攻击机。（美国海军图片）

弹射器附属装备发展——从牵引钢索到弹射杆

从液压弹射器的时代起，航空母舰弹射器都是采用牵引钢索来连接弹射滑车与飞机的。钢索两端钩在飞机机身或两翼内侧，钢索中间则钩在弹射滑车上，让钢索张紧成V形，弹射滑车移动时便能通过钢索来牵引飞机。当弹射滑车到达弹射器末端时，随着弹射滑车减速，钢索便与飞机分离被抛到弹射器前方。

这种作业方式相当简单有效，但问题在于，不同飞机机型的机身距地高度与重心位置都不同，因此航空母舰上必须针对每一种形式的舰载机，各自准备专用的钢索，这不仅会造成后勤整备上的麻烦，进行弹射作业时也容易发生搞混的情况，而且挂钢索的程序颇耗人力与时间。理论上米切尔形式的蒸汽弹射器最快可每30秒弹射1次，但实际上光是挂钢索等弹射准备作业就得耗掉1分钟以上的时间。

于是美国海军在研发C 13弹射器时引进了一种新的牵引方式，舍弃了传统的牵引钢索，改在飞机的前起落架上设置一根弹射杆，舰载机直接通过前起落架上的弹射杆扣上弹射滑车，让弹射滑车通过弹射杆牵引飞机滑行。当弹射滑车滑行到弹射轨道末端时，随着弹射滑车的减速与飞机本身向前的加速度，弹射杆与弹射滑车连接机构内的易断螺丝，承受到超过一定的剪切力便会断开，使弹射杆与弹射滑车彼此脱离，让飞机起飞。

通过弹射杆可统一所有舰载机的弹射牵引连接机构规格，也大幅简化弹射准备程序，让原本独立设置在机尾的拦阻（Holdback）固定杆机

下图：老式的牵引钢索（上）与较新式的弹射杆（下）对比。（美国海军图片）

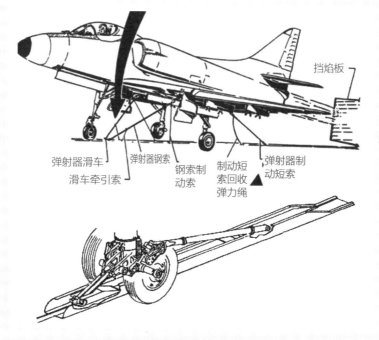

挡焰板

弹射器滑车　弹射器钢索　钢索制动索　制动短索回收弹力绳　弹射器制动短索
滑车牵引索

构，也可一并设置到前起落架后方，进一步简化弹射相关机构。

不过，若要采用弹射杆这种新机构，舰载机的前起落架必须经过特别设计，另外由于弹射牵引力是直接施加在舰载机前起落架上的，所以同时要强化前起落架以及前起落架与机身连接处的结构。因此弹射杆只能应用在设计时就纳入这项配备需求的新机型上，而无法直接用于旧机型。为了能适配旧机型，C 13弹射器的弹射机构经过特别设计，可同时用于老式的牵引钢索与新式的弹射杆。

至于第1种采用弹射杆的舰载机，则是格鲁曼的E-2"鹰眼"（Hawkeye）空中预警机。1962年12月19日，1架E-2A原型机于"企业"号航空母舰上利用C13弹射器完成了史上首次弹射杆牵引机构的海上弹射测试，接下来美国海军发展的新机型也都全面改用了弹射杆机构。

弹射器的弹射滑车与舰载机起落架两方面必须彼此配合，才能采用弹射杆这种新机制。因此在美国海军之外非美制固定翼舰载机中，只有最晚发展的法国海军"阵风"（Rafale）M战机采用了弹射杆弹射机制。在此之前，英、法两国虽然也开发了多种传统起降固定翼舰载机，不过这些机型问世较早，加上英、法航空母舰上的英制弹射器弹射机构不支援弹射杆，所以仍采用旧式的牵引钢索弹射。

上图：美国海军在20世纪50年代或更早期发展的舰载机，如上图中的F-4"鬼怪"战机，都是采用牵引钢索弹射机制，利用挂在机身上的钢索来钩住弹射滑车（上），而20世纪60年代中后期以后开发的新机型，如下图中的F/A-18，则全面改换为新式的弹射杆，直接利用弹射杆扣住弹射滑车，不仅作业更方便迅速，也省略了回收牵引钢索的麻烦。（美国海军图片）

途岛"级航空母舰，都能拥有操作A3D"空中战士"攻击机的能力，不再必须依靠少数几艘超级航空母舰，大幅提高了美国海军的战略运用弹性。

为了得到这样的效益，必须付出些许代价。蒸汽弹射器的蒸汽来自航空母舰的主机锅炉，每次弹射都需要消耗加热半吨水所产生的蒸汽，即使不进行弹射作业，每小时也需消耗数吨蒸汽才能让弹射器保持在预热待机状态，这都将导致主机可用的推进功率下降，从而降低航速性能。相较下，液压弹射器的性能虽然远不及蒸汽弹射器，却不会有这种降低航速的副作用。

举例来说，搭载H8液压弹射器的SCB 27A构型"埃塞克斯"级航空母舰，可达到32节最大航速与30.3节持续最大航速，而配备C 11蒸汽弹射器的SCB 27C构型"埃塞克斯"级航空母舰，最大航速与持续最大航速便分别降到31.5节与30节以下，如果长时间连续弹射，航速还会下降得更多。当然比起蒸汽弹射器带来的效益，航速性能的下降仍算是可以接受的损失。

与蒸汽弹射器的发明国英国相比，美国海军的蒸汽弹射器改用了较高的蒸汽作业压力（每平方英寸550磅，英国则是每平方英寸400磅）。另外，由于美国航空母舰拥有更长的舰体，即使是美国第一线航空母舰中最小型的"埃塞克斯"级，舰体长度也比英国最大的"老鹰"号与"皇家方舟"号航空母舰更长。这也让美国的蒸汽弹射器得以采用更长的弹射行程，再加上更高的作业压力，性能普遍比英国的蒸汽弹射器高出一等。

美国海军的第2代蒸汽弹射器

为了能搭配"埃塞克斯"级、"中途岛"级航空母舰等二战时代设计、建造的旧航空母舰，美国海军第1代的蒸汽弹射器都采用每平方英寸550磅的蒸汽作业压力，以配合这些二战型航

弹射器附属装备发展
——钢索捕捉器的诞生与消失

如前所述，早期舰载机在弹射时，都使用牵引钢索来连接弹射滑车与飞机机体，从而牵引飞机加速，不过当飞机弹射出去后，钢索本身会随着弹射的惯性而向前被抛出舰外，每次弹射都会消耗一条牵引钢索，长期累积下来将是一笔不小的费用，最好设法回收钢索重复使用。

要解决这个问题有2种方法。一种方法是在弹射器滑轨前端与飞行甲板前缘之间，保留足够大的甲板长度（至少10米），这样当飞机弹射起飞后，往前抛出的钢索便会落到弹射器滑轨前端的飞行甲板上，而不会落进海中。不过为了在弹射器前端保留足够长的飞行甲板空间，会造成弹射器无法充分运用甲板长度的问题（弹射器需靠后配置），所得远不如所失，不值得仅仅为了回收牵引钢索，而"浪费"这样多的飞行甲板长度。

另一种较实际的方法便是在弹射器前端附加一段凸出于飞行甲板前缘外大约7~8米的角锥形结构，利用这个凸出结构作为飞行甲板的延伸，用于"接住"向前抛出后落下的钢索，由于这种凸出的延伸结构是专为"捕捉"落下的牵引钢索而设计的，所以便被称作"钢索捕捉器"。钢索捕捉器周围安装有兜网，可兜住弹射后从飞机机体上落下的牵引钢索，以便回收钢索重复使用。

理论上钢索捕捉器可以只是一个周围安装有兜网的简单钢架结构。早期美国海军部分"埃塞克斯"级航空母舰便采用这种构造简单的钢索捕捉器，不过实际上多数国家还是把钢索捕捉器建造成一个完整的角锥形结构。

美国海军很早便在航空母舰上引进钢索捕捉器结构，包括接受SCB 27C改装工程的"埃塞克斯"级航空母舰，接受SCB 110/110A改装工程的"中途岛"级航空母舰，新造的"福莱斯特"级、"小鹰"级与"企业"号航空母舰，一直到"尼米兹"级前3艘为止的所有攻击航空母舰，全都配有钢索捕捉器。

以安装4套蒸汽弹射器的"小鹰"级、"企业"号与"尼米兹"号航空母舰为例，舰艇左右均各设有1座钢索捕捉器，斜角甲板前端也有1座钢索捕捉器，全舰一共有3座钢索捕捉器（舰舯左舷的2套弹射器中，只有位置较靠前的3号弹射器须附设钢索捕捉器，4号弹射器由于位置较靠后，与斜角甲板前端相距较远，没有搭配钢索捕捉器的需求）。

"福莱斯特"级航空母舰虽然也配有4套弹射器，但斜角甲板的2套弹射器位于左舷前端升降机之后，与斜角甲板前缘相距较远（超过20米），弹射后的牵引钢索不至于被抛到船外，所以不需要钢索捕捉器，故只在舰艇前端设置2座钢索捕捉器。至于仅在舰艇配备2套弹射器的"埃塞克斯"级航空母舰SCB 27C型，亦只在舰艇前端设置2座钢索捕捉器。

相较于美国海军，英国皇家海军航空母舰对于引进钢索捕捉器并不感兴趣，最早安装BS4弹射器的几艘航空母舰都没有设置钢索捕捉器，"胜利"号航空母舰虽曾在20世纪60年代初期在左舷弹射器前端附加了一座试验性的钢索捕捉器，但很快就被拆除，因此在这些航空母舰上，牵引钢索都是只用一次就被抛弃的消耗品。不过在20世纪60年代以前，皇家海军几种主力舰载机如"海雌狐""掠夺者""弯刀"战机与"塘鹅"等使用的牵引钢索，单价只有5英镑，皇家海军不认为有特别设置钢索捕捉器回收钢索的需要。

下图：对于采用牵引钢索来牵引弹射的舰载机来说，牵引用的钢索在弹射后会被抛到弹射器前端的海中，每次弹射都会损耗一根钢索，长期累积下来的浪费相当大（上），为解决这个问题，许多航空母舰便会在弹射器前端设置一个凸出于舰艏外的钢索捕捉器，以便兜住落下的钢索，借此回收钢索重复使用（下）。（英国国防部图片）

但接下来新服役的F-4 GR.1战机必须使用更坚实、也更昂贵的牵引钢索，每条钢索的单价大幅提高到15英镑，比先前使用的钢索贵了3倍，这也让回收钢索成了一件具有相当经济效益的事情。因此预定配备"鬼怪"战机的CVA-01航空母舰便采用了钢索捕捉器的设计，虽然CVA-01被取消，不过后来唯一配备"鬼怪"战机的"皇家方舟"号航空母舰，也在1967—1970年的改装中，于舰艏与斜角甲板前端各增设一座钢索捕捉器。

除英国外，其他购买了前英国航空母舰或引进英国制蒸汽弹射器的国家，在搭配钢索捕捉器上反而比英国本身更普遍。澳大利亚的"墨尔本"号航空母舰、后来转卖给阿根廷的荷兰海军"卡尔·多尔曼"号、巴西海军的"米纳斯·吉纳斯"号航空母舰，以及法国2艘采用英制BS5弹射器的"克列孟梭"级航空母舰，都在舰艏配有1座钢索捕捉器，除"墨尔本"号航空母舰是在服役后的升级中加装钢索捕捉器外，其余各舰都是在完工时便配有钢索捕捉器。

前述航空母舰中，"墨尔本"号、"卡尔·多尔曼"号与"米纳斯·吉纳斯"号航空母舰都只配有1套弹射器，自然也只配有1座钢索捕捉器。而"克列孟梭"级航空母舰虽配有2套弹射器，但只为舰艏的弹射器附加钢索捕捉器（"克列孟梭"级航空母舰舰艏左舷斜角甲板上的弹射器，可能由于弹射器前端已留有足够长的飞行甲板空间，足以让钢索落到斜角甲板前端上，因此没有设置钢索捕捉器的需要）。

下图：钢索捕捉器不一定非得是完整的结构物不可，也可以是图片中"汉考克"号航空母舰早期使用的这种附有兜网的简单钢架构造。尽管这种简单的钢架构造也能达到目的，不过大多数航空母舰还是把钢索捕捉器建造成一个完整的角锥形构造。（美国海军图片）

钢索捕捉器的消失

随着C 13弹射器以及与其配套的弹射杆牵引机构问世，采用这种牵引机制的新型舰载机不再需要使用牵引钢索，没有回收钢索的问题，也就没有使用钢索捕捉器的需要。对于"小鹰"级与"企业"号航空母舰这些最早配备C 13弹射器的美国海军新造航空母舰来说，最初虽仍配有钢索捕捉器来应对旧型舰载机的作业，但随着采用弹射杆机构的新型舰载机所占比例逐渐增加，以及采用牵引钢索的旧型舰载机陆续退出第一线，对钢索捕捉器的需求日渐降低，20世纪70年代后期服役的新航空母舰便逐渐减少钢索捕捉器的配置，20世纪80年代以后的新造航空母舰更干脆取消了钢索捕捉器。

以美国海军为例，从1970年8月开工、1977年10月服役的"尼米兹"级2号舰"艾森豪威尔"号（Dwight D. Eisenhower CVN 69）起，便改为只在舰艏右舷前端设置1座钢索捕捉器，以适应采用牵引钢索的旧机型逐渐退出第一线的情况，采用弹射钢索的旧机型（如F-4"鬼怪"战机）都从附有钢索捕捉器舰艏右舷的1号弹射器弹射，至于其余3套弹射器都是没有附加钢索捕捉器的形式，专供采用弹射杆的新机型使用。

接下来于1975年10月开工、1982年3月服役的"尼米兹"级3号舰"卡尔·文森"号（USS Carl Vinson CVN 70），则是最后1艘在新造时就配有钢索捕捉器的航空母舰。与"艾森豪威尔"号航空母舰一样，"卡尔·文森"号航空母舰也只在舰艏右舷的一号弹射器前端附设1座钢索捕捉器，专供旧式舰载机的弹射作业使用。

随着舰载机的全面更新换代，美国海军从1981年10月开工、1986年服役的"尼米兹"级4号舰"西奥多·罗斯福"号（USS Theodore Roosevelt CVN 71）起，便不再设置钢索捕捉器，使舰艏与斜角甲板前端呈现平整的样貌，不像先前

下图：这张皇家海军的F-4 GR.1战机从"皇家方舟"号航空母舰上弹射起飞的图片，清楚呈现了钢索捕捉器是如何运作的。从图片中可看到，这架"鬼怪"战机的牵引钢索已经与机身分离，开始落下，接下来钢索便会往下滑到钢索捕捉器上，最后落入钢索捕捉器周围的兜网中。（美国海军图片）

配有钢索捕捉器的航空母舰那样有棱有角。

　　至于原先设置有钢索捕捉器的"福莱斯特"级、"小鹰"级与"企业"号、"尼米兹"号、"艾森豪威尔"号与"卡尔·文森"号等舰，也都在20世纪80年代中后期的服役寿期延长（SLEP）工程中陆续拆掉了一部分或全部的钢索捕捉器。

　　"福莱斯特"级中的"突击者"号航空母舰便拆掉原先2座钢索捕捉器中的1座，只保留1座。"独立"号航空母舰最初也是保留2座钢索捕捉器中的1座，但后来全部拆除。"小鹰"级中的"小鹰"号（USS Kitty Hawk CVA 63）与"星座"号航空母舰（USS Constellation CVA 64），都在历次大修中陆续拆除了全部3座钢索捕捉器。"美利坚"号航空母舰（USS America CVA 66）则是拆掉1座、保留2座。"肯尼迪"号航空母舰（USS John F. Kennedy CVA 67）最初也是拆掉1座、保留2座，但后来全部拆掉。"企业"号航空母舰保留了舰艏的2座钢索捕捉器，只拆掉斜角甲板前端的钢索捕捉器。"尼米兹"级航空母舰前3艘则陆续拆除了全部的钢索捕捉器。只有较早退役的"中途岛"号、"珊瑚海"号、"福莱斯特"号与"萨拉托加"号等舰，在退役时仍保留全部的钢索捕捉器。

　　除美国海军外，采用美制C 13弹射器的法国海军"戴高乐"号航空母舰（FNS Charles de Gaulle R 91），也同时引进了牵引杆机构，该舰预定搭载的两种主力固定翼舰载机E-2C"鹰眼"预警机与"阵风"M战机，都采用牵引杆弹射机制，因此"戴高乐"号航空母舰便不需要像

本页图："尼米兹"级3号舰"卡尔·文森"号航空母舰是最后一艘新造时就配有钢索捕捉器的航空母舰，该舰完工服役时，在舰艏右舷弹射器前方配有1座钢索捕捉器（上），不过随着旧机型陆续退役，钢索捕捉器的使用率愈来愈低，因此在后续改装工程中便拆掉了这座钢索捕捉器，让舰艏形成平整的样貌（下）。（美国海军图片）

上一代的"克列孟梭"级航空母舰一样设置钢索捕捉器。然而由于"阵风"M战机成军较晚,"戴高乐"号航空母舰仍采用旧式牵引钢索弹射的"超级军旗"(Super Etendard)攻击机,但该舰没有钢索捕捉器,导致弹射作业变成每弹射1次就消耗1根钢索的情况,不过这个问题随着"阵风"M战机服役以及"超级军旗"逐步退出第一线,便获得解决。

目前仍配有钢索捕捉器的现役航空母舰,只剩美国海军已退役的"企业"号航空母舰,与巴西海军从法国购入的"圣保罗"号航空母舰(NAe Sao Paulo A12),不过"企业"号航空母舰上的钢索捕捉器早已失去实际作用(或许美国海军只是不想多花钱拆除,才一直保留"企业"号航空母舰上的2座钢索捕捉器),真正仍在使用钢索捕捉器的只有"圣保罗"号航空母舰。

"圣保罗"号航空母舰即前法国海军"克列孟梭"级"福熙"号航空母舰,"福熙"号航空母舰配备的英制BS5弹射器原属于旧式的牵引钢索机制,不过在1993年,为了应对"阵风"M原型机的舰载测试作业,法国海军特地修改了"福熙"号航空母舰舰艏那套BS5弹射器的弹射滑车,使之能搭配采用弹射杆牵引机制的"阵风"M战机,以便在该舰上进行"阵风"M原型机的弹射试验。理论上"福熙"号航空母舰接下来便可搭配采用弹射杆牵引的新机型,不过当"福熙"号航空母舰被卖给巴西成为"圣保罗"号航空母舰后,由于巴西海军航空队的主力机型如A-4KU(巴西称为AF-1)攻击机、S-2T"追踪者"反潜机等,都是只能使用牵引钢索弹射的旧式机型,所以钢索捕捉器也就成了"圣保罗"号航空母舰不可或缺的装备。

空母舰上的每平方英寸600磅蒸汽涡轮主机。即使是专为"福莱斯特"级航空母舰设计的C 7弹射器，由于"福莱斯特"级首舰"福莱斯特"号航空母舰的蒸汽涡轮主机依旧采用每平方英寸600磅与850℉旧规格，为了迁就"福莱斯特"号航空母舰的主机，C 7弹射器仍旧是每平方英寸550磅作业压力的形式。

不过从"福莱斯特"级2号舰"萨拉托加"号起，美国海军新造航空母舰的主机蒸汽锅炉，便全面采用战后新的每平方英寸1200磅与950℉标准，这也为蒸汽弹射器采用更高的作业压力创造了条件[1]。于是从1957年开始发展的新1代C 13弹射器，便将蒸汽作业压力提高到每平方英寸1000磅。

C 13的弹射行程与C 7同样都是250英尺，但可通过更高的作业压力提供更大的弹射牵引能量，性能有相当程度的提升。在最大作业压力下（每平方英寸1000磅），C 13弹射器可将5万磅重的物体以140节速度射出，相较下C 7弹射器在最大作业压力下（每平方英寸550磅）弹射同等重量物体时，只能达到131节末端速度。若以达到130节末端速度为基准，C 13的最大弹射重量可达7.2万磅，而C 7最多只能弹射5.2万磅。

另外值得一提的是，随着C 13弹射器的推出，美国海军引进了新的弹射杆牵引机制，取代了传统的牵引钢索。最早配备C 13弹射器的是1961年服役的"小鹰"号、"星座"号与"企业"号这3艘航空母舰，每艘均配备了4套C 13。

---

[1] 有些文章称"福莱斯特"级航空母舰后3艘所使用的C 7弹射器，都是将作业压力提高到每平方英寸1000磅的改进版，称为C 7 Mod.1，性能比"福莱斯特"号航空母舰上的每平方英寸550磅C 7高出一筹，接近C 13的水平。不过在美国海军1981年发布的军规文件MIL-STD-2066(AS) *Catapulting And Arresting Gear Forcing Functions For Aircraft Structural Design* 中，记载4艘"福莱斯特"级航空母舰配备的C 7都是每平方英寸550磅的形式（分为可变压力与固定压力两个版本），而无任何关于采用更高操作压力的C 7 Mod.1记载。笔者找到的其他文献也都没有提到这种C 7 Mod.1的存在。这有几种可能，如C 7 Mod.1只停留在研发阶段、未实际投入服役，或"福莱斯特"级航空母舰是在20世纪80年代中后期的寿期延长工程中才将原来的C 7弹射器升级为C7 Mod.1的，因此未记载于较早发表的资料中。

除了提高作业压力外，美国海军也引进了类似英国BS5弹射器的湿蒸汽收集器，借此提高弹射器性能。1957—1960年间接受SCB 110A现代化工程改装的"珊瑚海"号航空母舰，是美国海军第1艘采用湿蒸汽接收器形式蒸汽弹射器的航空母舰，它搭载了3套改用湿蒸汽收集器的C 11 Mod.1弹射器，性能较接受SCB 110工程的前2艘"中途岛"级航空母舰有所提升。此外"珊瑚海"号航空母舰在SCB 110A工程中也扩建了尺寸更大的左舷外张斜角甲板构造，因此舰舯部位有余裕安装较长的C 11 Mod.1弹射器，不像另外两艘姊妹舰在舰舯部位只能配备较短的C 11。

　　这时候的美国海军仍未决定为蒸汽弹射器全面改用湿蒸汽收集器来取代传统的"干"蒸汽接收器。美国海军下一阶段的蒸汽弹射器发展，选择了延长弹射行程这种最直接的提高性能方式，从另一方面来看，美国的航空母舰由于舰体尺寸够大，也允许配备弹射行程更长的弹射器，以发挥大舰体的优势。

　　于是接下来的发展，便是弹射行程延长到310英尺的C 13 Mod.1，性能较C 13有显著改善。以弹射5万磅物体为基准时，C 13在每平方英寸900磅作业压力下可达到135节的弹射末端速度，而C 13 Mod.1若在相同的每平方英寸900磅作业压力下，则能达到150节的弹射末端速度；若以达到135节末端速度为基准，C 13 Mod.1可以弹射近8万磅重的物体，而C 13则只能弹射5.8万磅至6万磅重物体。

上图："小鹰"号（上）与"企业"号（下）航空母舰甲板上正在检修C 13弹射器汽缸的技术人员。从1960年起，C 13系列便成为美国海军标准的蒸汽弹射器，一直持续运用到50年后的现在，并先后出现3种改进或衍生型。（美国海军图片）

无甲板风弹射能力

通过增强的弹射功率，C 13 Mod.1弹射器拥有将7.5万磅等级机体加速到140节末端速度的能力，也就是说，即使是最大型的舰载机如A3D"空中战士"、A3J"民团"（Vigilante）攻击机或F-14"雄猫"（Tomcat）战机，在使用C 13 Mod.1弹射时，都可在无甲板风环境下进行弹射作业。

所谓的无甲板风弹射能力——不依靠迎头甲板风的帮助，即使在甲板合成风速为零的环境下，仍能让舰载机正常弹射起飞，对于海军航空母舰操作来说是一个期待已久的"梦幻"能力，可赋予航空母舰指挥官更大的指挥作业灵活性，无须顾虑航空母舰当时所处环境的风向、风速，也不用特意调整航向与航速来获得足够的甲板风协助，单单凭借着功率强大的弹射器，就能"强行"将舰载机弹射升空。

另一方面，在有了功率强劲的新弹射器后，舰载机的设计有了更大余裕，不像过去的机型必须采用复杂的襟翼吹气或边界层控制技术，或为了兼顾低速性能而在其他方面做出妥协等。

C 13 Mod.1于20世纪60年代中期正式进入舰队服役，首先应用在1965年与1968年服役的"美利坚"号与"肯尼迪"号航空母舰上。在这两艘航空母舰上，美国海军采用了混合搭配C 13与C 13 Mod.1的组合，均为3套C 13加上1套C 13 Mod.1，较长的C 13 Mod.1是安装在斜角甲板靠内侧部位的3号弹射器。不过，2艘航空母舰的配备仍有所差别，"美利坚"号航空母舰的C 13与C 13 Mod.1采用的作业压力较高（每平方英寸900磅），并且仍旧是传统的干蒸汽接收器、直接以过热蒸汽作业的版本；较晚服役的"肯尼迪"号航空母舰采用的则是作业压力较低（每平方英寸800磅）、并改用湿蒸汽收集器的改良型C 13与C 13 Mod.1。

事实上，"肯尼迪"号航空母舰也是美国海军蒸汽弹射器

左图：通过强力的C 13 Mod.1弹射器，赋予美国海军航空母舰无甲板风弹射重型舰载机的能力，即使是最大型的舰载机如A3D"空中战士"、A3J"民团"攻击机或F–14"雄猫"，也可无须依赖迎头甲板风的协助，单纯利用弹射器进行弹射起飞。这赋予了航空母舰指挥官更大的指挥作业灵活性，无须顾虑航空母舰当时所处环境的风向、风速，也不用特意调整航向与航速来获得足够的甲板风协助，单单凭借着功率强大的弹射器，就能"强行"将舰载机弹射升空。（美国海军图片）

采用干／湿蒸汽接收器的分水岭，从1964年10月开工的"肯尼迪"号航空母舰起，接下来美国所有新造航空母舰都采用湿蒸汽收集器形式的蒸汽弹射器。虽然"肯尼迪"号航空母舰的弹射器作业压力略低于"美利坚"号航空母舰，但通过湿蒸汽收集器的帮助，弹射性能反而高出"美利坚"号航空母舰一筹。

在1966—1970年，代号为SCB 101.66的大规模现代化工程的"中途岛"号航空母舰也在这次改装中引进了采用湿蒸汽收集器的C 13弹射器，受限于"中途岛"号航空母舰较小的舰体与旧式主机锅炉，该舰只能配备较短的C 13弹射器，并将作业压力降为每平方英寸520磅，以配合该舰搭载的作业压力较低的二战时期老蒸汽锅炉。由于C 13的安装长度比起"中途岛"号航空母舰原先安装的C 11与C 11 Mod.1大了许多，因此"中途岛"号航空母舰在改装后只在舰艏配备了2套C 13，取消了原先斜角甲板上的1套弹射器配置（原本有3套，SCB 101.66改装后只剩舰艏的2套）。

回归低压操作

接下来从1968年开工、1975年服役的"尼米兹"号航空母

上图：从"尼米兹"级首舰"尼米兹"号起，美国海军将其C 13 Mod.1弹射器的作业压力大幅降到每平方英寸520磅，这不仅远低于C 13系列早期型的每平方英寸800磅至每平方英寸1000磅，也低于C 7、C 11等第1代弹射器的每平方英寸550磅，试图借此改善反应堆与弹射器相关元件的寿命与安全性。图片为"尼米兹"级3号舰"卡尔·文森"号的弹射器控制室中，操作人员正在调整弹射器蒸汽阀的情形。（美国海军图片）

舰（USS Nimitz CVAN 68）开始，美国海军航空母舰全面采用C 13 Mod.1弹射器，每艘均配备4套C 13 Mod.1。值得一提的是，不同于最早配备在"美利坚"号与"肯尼迪"号航空母舰上、采用每平方英寸800磅或每平方英寸900磅作业压力的早期版本C13 Mod.1，"尼米兹"级航空母舰采用的C 13 Mod.1是作业压力降到每平方英寸520磅的低压版本（每平方英寸510磅至每平方英寸530磅）。

单就性能而论，由于作业压力大幅降低，"尼米兹"级航空母舰上的低压型C 13 Mod.1弹射能力略低于"美利坚"号与"肯尼迪"号航空母舰上的高压型C 13 Mod.1，不过仍高于更旧款的C 13，依旧具备无甲板风弹射能力。

从另一方面来看，采用湿蒸汽收集器，已能为"尼米兹"级航空母舰的C 13 Mod.1弹射器提供足够性能，而在确保足够性能的前提下，大幅降低弹射器的蒸汽作业压力，对于改善相关管路元件的成本、寿命与作业安全性，都可带来许多好处，主机不需要为弹射器提供高压的蒸汽，各管路组件承受的压力负荷也能减轻许多。

这对于核动力的"尼米兹"级航空母舰来说还有特别的意义。如前所述，蒸汽弹射器是直接使用引进主机锅炉产生的蒸汽作为驱动力来源的，然而核反应堆所能产生的蒸汽条件，却不及燃烧重油的传统蒸汽锅炉，以致在搭配蒸汽弹射器运作上出现麻烦。

以最早的核动力航空母舰"企业"号为例，该舰所采用的A2W反应堆一次冷却循环回路温度保持在525℉～545℉（274℃～285℃），而通过蒸汽产生器将一次循环回路冷却水所传入的热量，使二次冷却循环回路的水加热沸腾，所产生的蒸汽性状为535℉（279℃）、压力为每平方英寸600磅（400MPa），这不仅略低于二战时期蒸汽作业标准（每平方英寸565磅至每平方英寸600磅与850℉～900℉），更比20世纪50年代的新标准低了许多（每平方英寸1200磅与950℉）。

事实上，就连美国海军航空局本身，也曾怀疑核反应堆产生的蒸汽可能不适合运用到蒸汽弹射器上，因此预定对"企业"号航空母舰改用4套新发展的C 14内燃式（Internal Combustion）弹射器，而没有像同时期发展的"小鹰"级传统动力航空母舰般配备新开发的C 13蒸汽弹射器。直到后来以A1W陆地原型反应堆所做的模拟试验，证明只要搭配适当的辅助措施，核反应堆的蒸汽也能提供给蒸汽弹射器使用，美国海军才决定舍弃风险较高的C 14内燃式弹射器，让"企业"号航空母舰回归使用较可靠的蒸汽弹射器。

通过辅助的加压措施，虽然能让"企业"号航空母舰使用每平方英寸1000磅版本的C 13蒸汽弹射器，不过这终究只是权宜之计。因此到了"尼米兹"级航空母舰时，美国海军决定将弹射器的蒸汽作业压力一举降到每平方英寸520磅，如此就能直接使用来自反应堆加热的蒸汽，无须另外搭配辅助措施，这不

C 13系列弹射器的各种形式

C 13系列弹射器的各种形式搭载舰艇（安装数量）

形式	搭载舰艇(安装数量)
C 13(1000psi可变压力)	CVA 63(×4)/CVAN 65(×4)
C 13(900psi可变压力)	CVA 64(×4)/CVA 66(×3)
C 13(湿蒸汽收集器，800psi固定压力)	CVA 67(×3)
C 13(湿蒸汽收集器，520psi固定压力)	CVA 41(×2)
C 13-1(湿蒸汽收集器，800psi固定压力)	CVA 67(×1)
C 13-1(900psi可变压力)	CVA 66(×1)
C 13-1(湿蒸汽收集器，520psi固定压力)	CVAN 68～CVN 71(×4)
C 13-2(湿蒸汽收集器，450psi固定压力)	CVN 72～CVN 77(×4)
C 13-3(湿蒸汽收集器，435psi固定压力)	戴高乐号(×2)

美国海军各航空母舰搭载的同型号弹射器，在作业压力与蒸汽形式等规格上存在些许差异，因此也形成了拥有不同性能特性的版本，以C 13弹射器为例，便有表中这9种形式，不同形式的C 13性能表现则如下图所示。一般来说，蒸汽作业压力愈高、弹射行程愈长，则弹射性能也愈好，而采用湿蒸汽收集器的弹射器，性能也比采用传统干蒸汽接收器的弹射器更好。"肯尼迪"号航空母舰的弹射器蒸汽作业压力虽略低于"美利坚"号航空母舰（每平方英寸800磅对每平方英寸900磅），但凭借着湿蒸汽收集器，弹射能力反而比作业压力更大，但采用干蒸汽接收器的"美利坚"号航空母舰高出一筹。另外"尼米兹"号航空母舰的低压型C 13 Mod.1弹射器作业压力（每平方英寸520磅）虽比"美利坚"号航空母舰的高压型C 13 Mod.1（每平方英寸900磅）低了43%，但通过湿蒸汽收集器，性能表现只稍逊后者一些，比大多数的C 13都更好。不过性能最好的，仍是"肯尼迪"号航空母舰上那套同时兼具高作业压力（每平方英寸800磅）与湿蒸汽收集器的C 13 Mod.1。

不同版本C 13弹射器弹射能力对比（以各弹射器最大作业压力为准）

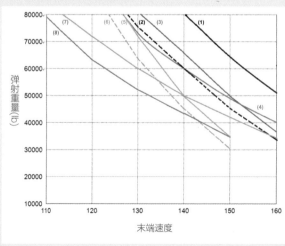

纵轴：弹射重量(lb) 80000 70000 60000 50000 40000 30000 20000 10000

横轴：末端速度 110 120 130 140 150 160

（1）C 13 Mod.1(CVA-67)
（2）C 13(CVA-67)（虚线）
（3）C 13 Mod.1(CVA 66)
（4）C 13 Mod.1(CVAN 68)
（5）C 13(CVA 63/CVAN 65)
（6）C 13(CVA 64/CVA 66)（虚线）
（7）C 13(CVA 41)
（8）C 7(CVA 59/60/61/62)
Source：MIL-STD-2066(AS)

仅能减少弹射器相关机构的复杂性，同时也能减轻反应堆作业负担，进而延长反应堆核心寿命。也就是说，这种降低作业压力的做法，是以降低弹射能力为代价，来交换成本、寿命与安全性方面的改善。

美国海军蒸汽弹射器发展正好经过一个先从低压作业发展为高压作业，然后又回归低压作业的轮回。第一代的C 11、C 11 Mod.1与C 7弹射器都是采用每平方英寸550磅的蒸汽作业压力。接下来的第2代弹射器C 13则比较复杂，最早的版本采用了每平方英寸1000磅的蒸汽作业压力，安装在"小鹰"号与"企业"号航空母舰上，不过安装到"星座"号航空母舰上的C 13便将压力降到每平方英寸900磅，而后安装到"美利坚"号与"肯尼迪"号两艘航空母舰上的C 13与C 13 Mod.1同样也降低了作业压力，"美利坚"号航空母舰与先前的"星座"号航空母舰同样是每平方英寸900磅，而"肯尼迪"号航空母舰又降到每平方英寸800磅。

接下来从1966年2月展开SCB101.66改装工程的"中途岛"号航空母舰，以及1968年开工的"尼米兹"级首舰"尼米兹"号起，弹射器又改用了更低的每平方英寸520磅作业压力。前者的目的是配合"中途岛"号航空母舰上作业压力较低的老蒸汽锅炉，后者则是用于配合"尼米兹"级航空母舰的反应堆，同时改善相关元件的寿命与安全性。

第3代蒸汽弹射器

到了20世纪80年代初期，美国海军在蒸汽弹射器应用上已累积不少成果。依照曾任职于海军航空局舰艇设备部、参与过美国海军导入斜角甲板过程、最后升任海军航空系统司令部司令的退役海军少将维兹菲德（Daniel Weitzenfeld）的说法，他在麦克莱恩（MacLean）协会于20世纪70年代后期出版的内部刊物上，发表文章回顾美国海军引进蒸汽弹射器过程时，指出美

国海军的蒸汽弹射器应用有三大特色。

（1）所有蒸汽弹射器的尺寸规格、设计与制造程序都是相同的，因此可简化后勤。

（2）安装到航空母舰上的蒸汽弹射器长度，是依个别航空母舰的可用尺寸与空间而定，但除了长度不同外，弹射器的构造与元件大致上都是相同的。

（3）到当时（20世纪70年代末）为止，虽然弹射器的设计已有了许多改进，但基本构造仍与30多年前科林·米切尔提出的原始设计是相同的。由此也可见米切尔原始设计的合理性与实用性。

除了前面3点外，相较于蒸汽弹射器的"祖国"英国，美国海军在蒸汽弹射器的标准化上也较为成功。英国由于航空母舰数量少，蒸汽弹射器需求量有限，而且大都是安装在二战时代设计的老航空母舰上，因此弹射器必须迁就这些老航空母舰的舰体调整规格，光是BS4弹射器就至少有6种不同弹射行程／安装长度的版本。

由于英制弹射器的生产与安装数量都很有限，加上各航空母舰改装弹射器的时间有先有后，不同时间引进的版本在细节上还会有稍许差异，常常一艘船上就会有型号相同、但不同规格的2套弹射器，这不仅造成后勤维护上的麻烦，也对弹射作业带来许多困扰。同一架飞机在同一艘航空母舰上使用不同弹射器或是转换到其他航空母舰上作业时，所对应的弹射器弹射参数都不同，无论飞行员与航空母舰上的操作人员，都必须牢记这些不同的参数才能顺利执行任务。

相较下，美国海军的蒸汽弹射器标准化作业就相对较为成功，虽然也存在着多种不同的弹射器形式与版本，但仍较英国海军简化许多，而且由于产量相对大了许多，零部件也有更高度的标准化[1]。

但美国海军这种一脉相承、高度标准化的蒸汽弹射器发展路线，却也在20世纪70年代遇到瓶颈。

在C 13系列推出后，由于性能十分可靠稳定，输出的弹射功率也让人满意，让美国海军取消了同时期其他几种新型弹射器的开发（如C 14与C 15内燃式弹射器），专注在C 13系列的后续发展上。但问题在于，既有的蒸汽弹射器改进手段在C 13 Mod.1上都已经应用到极限。

对页图：拆卸下来进行维护的C 13 Mod.3蒸汽弹射器，上为活塞，下为安装在飞行甲板内的汽缸，可看出基本构造与30多年前米切尔所提出的原始设计如出一辙，下方图片中从外侧钳住汽缸开槽的汽缸盖板也清晰可见（红圈处）。（美国海军图片）

---

[1] 除去作为蒸汽弹射器试验原型舰的"英仙座"号，以及由荷兰改装的2艘"巨人"级航空母舰外，安装原版英制弹射器的航空母舰一共只有11艘，含法国的2艘"克列孟梭"级航空母舰，以及美国2艘"埃塞克斯"级航空母舰，而且这些航空母舰多半只安装1～2套弹射器，英制蒸汽弹射器安装总数只有25套。相较下，迄今安装美制蒸汽弹射器的航空母舰一共有24艘，其中除了4艘"埃塞克斯"级、3艘"中途岛"级航空母舰与1艘"戴高乐"号航空母舰外，其余都是安装4套弹射器，美制蒸汽弹射器的生产与安装总数超过了80套，是英制弹射器的3倍以上。

对页图：从"尼米兹"级五号舰"林肯"号起，美国海军启用了第3代蒸汽弹射器C 13 Mod.3。C 13 Mod.3扩大了汽缸直径（从18英寸增为21英寸），可让更多蒸汽进入汽缸参与膨胀做功，让活塞获得更大推动力量，但同时又将作业压力降到每平方英寸450磅，可在提高性能的同时，改善反应堆与相关管路元件的寿命与安全性，代价则是多数零部件都与先前的弹射器不能相互通用，而必须重新设计、制造与测试。图片为正在检修弹射器的"林肯"号航空母舰。（美国海军图片）

要提高蒸汽弹射器的弹射能力，最常见的做法是延长弹射行程或是提高蒸汽作业压力，然而对于C 13弹射器来说，已没有通过这2种做法改善性能的余裕。

受限于航空母舰尺寸，已经很难再继续延长弹射器的弹射行程，C 13 Mod.1全长已达到324英尺，也就是将近100米，即使是美国海军的超级航空母舰，也很难容纳比这更长的弹射器。另一方面，由于蒸汽的膨胀率会随着体积的增大而以三次方的关系迅速下降，因此单单只是延长弹射行程，所获得的蒸汽推动力量并不会等比例的增加，愈到汽缸的末端，蒸汽的推动力也愈低。这也就是说，当弹射行程延长到一个程度后，继续增长弹射行程所能获得的弹射力量增长幅度，有边际效益递减的问题。

而若要提高蒸汽作业压力，又牵涉到整个主机动力机构规格的修改（锅炉、管路等），以及重新制定整个舰队的蒸汽轮机作业标准问题。二战结束后，美国海军光是为了将蒸汽轮机的蒸汽性状规格从每平方英寸600磅与850℉改为每平方英寸1200磅与950℉，就花费了巨大代价。到了20世纪80年代，现役舰队中仍有许多舰艇达不到这个标准（如"中途岛"级、"福莱斯特"号航空母舰等），因此提高作业压力这种方法并不现实，而且一昧提高蒸汽作业压力，也会带来其他副作用。

如果不能延长弹射行程，或增加蒸汽的作业压力，另一个变通办法便是扩大汽缸直径，以便让更多的蒸汽进入汽缸内参与膨胀做功。

新世代低压型弹射器

相较于先前的所有蒸汽弹射器，美国海军接下来新发展的C 13 Mod.2弹射器，最大不同便在于改用了直径增加3英寸的汽缸，直径从18英寸改为21英寸。

乍看下，将汽缸直径增加3英寸似乎不是什么大事，但这在蒸汽弹射器发展史上却是一个重要的规格更动——自米切尔于1947年制造出第一套蒸汽弹射器试验样品到最早的BSX-1、BSX-3弹射器，再到30多年后发展的C 13 Mod.1弹射器为止，英、美两国发展与制造的所有蒸汽弹射器，都沿用米切尔最初制定的18英寸汽缸直径规格，并且基本上都是采用每段汽缸12英尺长的固定规格。直到20世纪80年代美国发展的C 13 Mod.2，才改动了这个规格，改用21英寸直径的汽缸。

通过更大直径的汽缸，C 13 Mod.2的气缸容积提高了38%，可让更多蒸汽进入汽缸，让活塞得到更大的推动力量。另外C13 Mod.2的蒸汽作业压力也进一步降低到约每平方英寸450磅（每平方英寸440磅至每平方英寸460磅），温度则从474℉降到456℉，有助于改善管路元件与反应堆核心的寿命与安全性。但也因为C 13 Mod.2的蒸汽作业压力较先前各版本C 13低了许多（实际上是历来美制蒸汽弹射器中蒸汽作业压力最低的一款），所以又被美国海军称作低压弹射器（Low Pressure Catapult）。

由于通过增大的汽缸容积便能有效提高性能，因此C 13 Mod.2的弹射行程虽然比C 13 Mod.1还短3英尺，作业压力也降低了13.5%，但弹射性能并没有减损，反而略有提高，同样能提供无甲板风弹射能力，还能从降低作业压力得到许多好处。据美国海军的说法，C 13 Mod.2这种低压弹射器在延长反应堆核心寿命方面所带来的效益，每年可为海军省下数十亿美元的费用。

上图：当法国海军在20世纪80年代规划新的"戴高乐"号航空母舰时，英国已不再发展与制造蒸汽弹射器，唯一的弹射器供应来源只剩美国，而且当时唯一量产中的弹射器也只剩C 13 Mod.2一种，最后法国海军从美国引进了C 13 Mod.2的缩短衍生型C 13 Mod.3。"戴高乐"号航空母舰舰艏左舷与舰艉左舷斜角甲板前端各配有1套C 13 Mod.3，图片为"戴高乐"号航空母舰正利用2套弹射器弹射舰载机的情形。

（知书房档案）

不过随着汽缸直径的放大，活塞与其他相关组件连带也必须跟着重新设计，因此C13 Mod.2几乎可视为一种全新设计的弹射器，多数零部件都与先前的弹射器不能相互通用，而必须重新设计、制造与测试，而这也破坏了美国海军蒸汽弹射器一脉相承的标准化规格传统，并拉长了研制时间。C 13 Mod.2光是设计就花了4年时间，加上测试验证总共花了近10年，直到20世纪80年代初期才开发完成，距离上一代C 13 Mod.1的推出，相隔了15年以上时间。

首先装备C 13 Mod.2的是1984年开工、1989年服役的"尼米兹"级5号舰"林肯"号（USS Abraham Lincoln CVN 72），后续到"乔治·布升"号航空母舰（USS George H.W. Bush CVN 77）为止的6艘"尼米兹"级航空母舰，也都是配备C 13 Mod.2。

C 13弹射器的外销用户

C 13 Mod.2弹射器有1个唯一的海外用户——法国海军。法国海军在建造第1代自制航空母舰"克列孟梭"级时，是从英国购入BS5蒸汽弹射器，但英国自20世纪70年代后就没有再继续发展和建造弹射器，待法国海军于20世纪80年代末期准备建造新1代航空母舰，也就是日后的"戴高乐"号航空母舰时，唯一的弹射器供应来源只剩下美国，而且当时的选择也只剩下C 13 Mod.2一种。

由于"戴高乐"号航空母舰的舰体远小于美国海军的超

级航空母舰，加上其采用的主机蒸汽锅炉作业压力也较低，无法直接使用标准版的C 13 Mod.2弹射器，因此美国特别应法国海军的要求，发展了一种弹射行程缩短、作业压力降低的C 13 Mod.2衍生版。

这种称为C 13 Mod.3的法国专用版弹射器，弹射行程缩短到246英尺，只相当于标准版C 13 Mod.2的80%，蒸汽作业压力则为每平方英寸435磅，略低于C 13 Mod.2。为弥补较低的作业压力，C 13 Mod.3的蒸汽接收器容积增加了55%。但受限于较短的行程与较低的

作业压力，C 13 Mod.3输出的弹射动能明显低于标准版的C 13 Mod.2，只达到相当于早期型C 13大约85%的程度，不过对于弹射"戴高乐"号航空母舰预定搭载的主力机型——最大起飞重量5.4万磅重的法国海军"阵风"M战机——来说，大致还算够用。

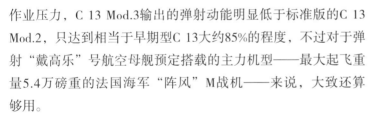

上图：从"福熙"号航空母舰上弹射升空的"阵风"M原型机，注意弹射器末端附加了一块楔形滑跳板块，可使飞机离开甲板前再额外抬高一点角度，提供了相当于两度滑跳板的效果。通过这个小滑跳板，可让"福熙"号航空母舰以弹射功率较小的BS5弹射器成功弹射"阵风"M战机。（知书房档案）

另一方面，"阵风"M战机的鼻轮起落架也有抬高机构，可在飞机起飞时赋予6度的攻角，从而能帮助减少"阵风"M战机至少9节的起飞速度，可协助该机适应弹射行程较短的C13 Mod.3弹射器。

较麻烦的问题是在"戴高乐"号航空母舰服役之前，如何进行"阵风"M战机的海上弹射试验问题。在"戴高乐"号航空母舰服役前，法国海军只能利用"克列孟梭"级航空母舰来进行"阵风"M原型机的舰载弹射测试，但"克列孟梭"级航空母舰上老旧的BS5弹射器对于弹射"阵风"M战机来说，性能略嫌不足，于是法国海军特地在"福熙"号航空母舰舰艏弹射器的末端加装一个楔形板块，可使飞机离开甲板前再额外抬高一点角度，提供了相当于两度滑跳板的效果，借此可进一步提

美制蒸汽弹射器基本参数

国别	型号	类型	弹射能力*	弹射行程	安装长度	搭载舰艇
美国	C 11	蒸汽	39000磅/136节 70000磅/108节	150英尺	203英尺	"艾塞克斯"级SCB 27C(舰艏×2)/ "中途岛"号SCB 110(舰舯×1)/ "罗斯福"号SCB 110(舰舯×1)/
	C 11-1	蒸汽	45000磅/132节 70000磅/108节	215英尺	240英尺	"奥斯坎尼"号SCB 125A(舰艏×2)/ "中途岛"号SCB 110(舰艏×2)/ "罗斯福"号SCB 110(舰艏×2)/ "珊瑚海"号SCB 110A(×3) "福莱斯特"号(舰舯×2)/ "萨拉托加"号(舰舯×2)
	C 7	蒸汽	40000磅/148节 70000磅/116节	250英尺	270英尺	"福莱斯特"号(舰艏×2)/ "萨拉托加"号(舰艏×2)/ "突击者"号(×4)"独立"号(×4)
	C 13	蒸汽	41000磅/150节 78000磅/139节	250英尺	265英尺	"小鹰"号(×4)/"星座"号(×4)/"企业" 号(×4)/"美国"号(×3)/"肯尼迪"号 (×3)/"中途岛"号(SCB 101.66后×2)/ "独立"号(SLEP后×4)
	C 13-1	蒸汽	40000磅/160节 78000磅/139节	310英尺	324英尺	"美国"号(×1)/"肯尼迪"号(×1) "尼米兹"级(CVN-68~CVN-71)(×4)/ "企业"号(SLEP后×4)
	C 13-2	蒸汽	—	306英尺	324英尺	"尼米兹"级(CVN-72~CVN-77)(×4)
	C 13-3	蒸汽	70000磅/140节[1]	246英尺	298英尺	"戴高乐"号(×2)

*起飞重量/弹射末端速度。

（1）表格中的数字是大多数资料对于C 13 Mod.3弹射能力的记载，另有资料给出的数据是7万磅/102节，4.4万磅/155节，5.4万磅/140节。

高飞机升力，协助飞机升空。1993年"阵风"M原型机在"福熙"号航空母舰上进行的弹射试验，证明了增设小型楔形滑跳板块这种变通措施的功效，成功地让"阵风"M原型机以功率较小、行程较短的BS5弹射器弹射升空。

C 13 Mod.2是蒸汽弹射器的技术顶峰，代表了蒸汽弹射器半世纪发展历程的最高技术成就，不过却也是蒸汽技术的极限。蒸汽驱动机制与相关机械各种可行的效率改进方式，多已应用到极限，难有持续大幅改善效能的空间，接下来便要让位给正在研发测试中的电磁弹射器（Electro-Magnetic Aircraft Launch System, EMALS）。

上图：C 13 Mod.2弹射器代表蒸汽弹射器发展的顶点，代表了蒸汽弹射器半世纪发展历程的最高技术成就。图片为承包商与海军维护人员正在翻修"里根"号航空母舰上的C13 Mod.2弹射器。（美国海军图片）

胎死腹中的高性能弹射器
——内燃式弹射器的诞生、发展与消亡

在有了强力的C 7、C 13等重型蒸汽弹射器以后，美国海军仍试图发展其他形式的高性能开槽汽缸弹射器，虽然最后都没有成功，但在弹射器发展史上仍具备重要意义，代表了对于不同弹射驱动机制的探索。在这些未进入实用化的弹射器中，较重要的是C 14与C 15两款弹射器。

C 14与C 15都属于内燃式的开槽汽缸弹射器，这类型弹射器可以追溯到20世纪50年代初期放弃发展的C 10火药驱动式弹射器。C 10弹射器虽然被从英国引进的蒸汽弹射器所取代，不过相较于蒸汽弹射器仍有吸引人的特点。

蒸汽弹射器固然拥有优秀的弹射性能，技术也成熟可靠，但相对于火药驱动弹射器，也存在着能量效率低、机构笨重、相关管路复杂、运作与维护人力需求较多等缺点。美国海军许多工程人员都认为应该发展新的弹射驱动方式，来取代蒸汽弹射器使用的古老蒸汽驱动机制。

从火药驱动式到内燃驱动式

由于火药爆炸驱动式弹射器的发展不太成功，美国海军航空局部分工程人员建议改用内燃驱动机制，并提议将C 10弹射器从火药驱动改造成内燃驱动式弹射器。C 10最初虽然是采用火药驱动，但与更早发展的火药驱动弹射器有所不同，它设有专门的弹膛与气体膨胀室，再通过锥形孔将爆炸产生的高压气体喷注到开槽汽缸内推动活塞。虽然海军航空局一直没有解决开槽汽缸的密封问题，但只要持续引爆火药并精确地控制点火时间，就能利用连续引爆装药向汽缸补充高压气体，从而持续维持汽缸内的压力，弥补气体逸散造成的压力损失。

海军航空局建议可沿用C 10弹射器的基本结构，但改用液氧—汽油燃烧产生的气体作为动力，将液氧—汽油持续喷注到燃烧室中燃烧产生高压气体，然后再由喷口将气体喷注到开槽汽缸中推动活塞与弹射滑车。由于液氧—汽油的能量密度远高于蒸汽，只需燃烧少许液

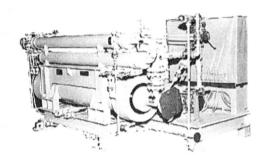

氧—汽油就能提供足够的弹射动力，因此可大幅减轻弹射器的体积与重量。

C 14弹射器

　　初步研究显示内燃弹射器具备技术可行性后，美国海军于20世纪50年代后期展开了C14内燃弹射器开发工作。

　　C 14也是属于开槽汽缸弹射器，但改用燃气系统作为驱动力，整套系统的核心是由专长于火箭发动机、火箭推进剂研制的泰奥科尔（Thiokol）公司开发的内燃弹射动力机组（Internal Combustion Catapult Powerplant, ICCP）。内燃弹射动力机组可看作是一种变形的火箭喷气发动机，在使用的燃料方面，最初有人建议使用火箭发动机燃料的液氧—汽油燃料，不过液氧既不易储存又危险，最后决定改用JP-5航空燃油、压缩空气与水的组合充当推进剂。这种推进剂所能提供的能量密度虽然远不如液氧—汽油，但来源极为方便。JP-5航空燃油与水在航空母舰上都是现成的，只需增设提供压缩空气的压缩机装置即可，既方便又安全。

　　内燃弹射动力机组由燃烧室、泵、伺服机构组成，水与JP-5航空燃油先各自被泵送到机组内的独立储存槽中，再通过压缩空气加压，将JP-5航空燃油、压缩空气与水喷注到燃烧室中，通过燃烧JP-5航右图：C 14弹射器的燃烧室图解。燃烧室分成两段，前端是燃气室（图中左侧），空气与JP-5航空燃油由左方喷注进入此处，点火燃烧产生高温高压燃气；后端是蒸汽室，由此处向燃烧室内注水，与高温燃气接触后可产生蒸汽，通过二次膨胀增加压力，还可利用注水降低温度，然后再将两阶段膨胀的气体送到开槽汽缸中。（美国海军图片）

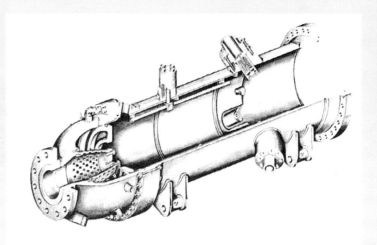

空燃油与喷注进燃烧室的水产生高温高压气体，再将高压气体送到弹射器的两根开槽汽缸中用于推动活塞，从而带动弹射滑车牵引飞机加速。注水除了可以产生蒸汽膨胀、进一步提高气体压力外，还有冷却燃烧室、避免过热的效用，可将燃烧室气体的温度从2000℉冷却到600℉。

这种燃气驱动机制等同于是喷气推进的一种衍生应用，燃烧室的运作方式十分类似火箭发动机，只是把燃烧气体膨胀所得的推力转用于驱动弹射器，因此C 14的性能规格十分惊人，预计可将5万磅重物体以175节速度射出，或将10万磅重物体以125节速度射出，弹射能量达到7000万英尺·磅（ft-lbs）。相较下，当时功率最大的C 7蒸汽弹射器弹射能量只有4200万英尺·磅，即使是与C 14平行发展中的新型蒸汽弹射器C 13，弹射能量也只达到5400万英尺·磅，换句话说，C 14提供的弹射能量足足比C 7与C 13分别高出66%与29%。

除了弹射能量更大外，内燃弹射器还有消耗淡水少、可精确调节压力、恒压加速与重量轻等优点。举例来说，当C 14以最大功率弹射时，每次弹射只消耗1200磅空气、8加仑JP-5航空燃油与50加仑冷却用水，而且与船只主机动力各自独立，不像蒸汽弹射器那样会影响到船只推进动力。而且蒸汽弹射器每次弹射至少会消耗大约加热1300

磅淡水（超过半吨）所产生的蒸汽。

此外，C 14还能通过伺服与反馈机构调节空气阀、燃油阀与水阀，精确地将汽缸内的压力控制在设定压力正负5%以内，可针对不同重量的舰载机调节弹射压力，燃烧室的压力最小可低到每平方英寸35磅，最大则达到每平方英寸685磅，可弹射最小1.2万磅、最大10万磅重的机体，并且在整个弹射行程内，能使汽缸保持恒压，因此弹射加速过程也更为平顺和缓，飞行员承受的是2g左右的恒定加速度。

相较下，蒸汽弹射器便无法达到这样精确的压力控制，而且由于运作过程中存在明显的压力下降情况，弹射行程一开始的压力最大，然后便迅速降低，因此会在弹射的一开始产生高达3.5～5g的瞬间弹射加速度冲击，给飞行员与飞机带来很大的负荷。

内燃弹射器更大的优势，是在体积与重量方面，只需燃烧相对较少的燃油与空气就能提供足够动力，不像蒸汽弹射器需设置大容量的蒸汽接收器。C 14用于提供弹射动力的两大核心组件——燃烧室套件重仅2.3万磅，尺寸为16英尺×6英尺×5.5英尺，泵套件也只有2万磅重，尺寸为14英尺×6.5英尺×7.5英尺，合起来只有1200立方英尺，仅相当于一辆小汽车的大小（不过为了供应压缩空气，必须另外设置相当庞大的空气压缩机）。相较下，蒸汽弹射器用于提供弹射用蒸汽的蒸汽接收器，为了提供数量足够的蒸汽，尺寸都相当庞大，以C 13来说，使用的蒸汽接收器便有10多万加仑容量，相当于1.5万～2万立方英尺以上容积，须占用很大的舰体空间。

泰奥科尔公司一共向海军交付了4套代号ICCP-115的内燃弹射动力机组，海军则在新泽西莱克赫斯特海军航空工程站（Naval Engineering Station Lakehurst）安装了1套弹射行程248英尺的TC 14原型弹射器，并于1959年5月26日使用起飞重量1.75万磅的F9F-8"美洲狮"战机与另1架起飞重量2.75万磅的机体成功进行了弹射测试。其中在弹射F9F-8"美洲狮"战机时，在2秒内达到了138节末端速度。

除了用于航空母舰弹射器外，泰奥科尔公司还研究了将内燃弹射动力机组中的燃气产生元件，转用于潜艇用水下导弹发射器的可行右二图：上图为新泽西莱克赫斯特海军航空工程站的弹射器地面测试设备，可看到跑道上安装了2条弹射器，左边那条是传统的蒸汽弹射器，右边那条则是采用内燃式驱动机制的TC 14原型弹射器，弹射行程为248英尺。下图为1959年5月26日利用TC 14弹射器弹射成功的F9F-8"美洲狮"战机。（美国海军图片）

性，甚至还考虑作为大型商用喷气式飞机的辅助起飞装置。

内燃弹射器的发展前景曾一度十分被看好，美国海军在发展"企业"号航空母舰时，考虑到核反应堆产生的蒸汽温度与压力较低，恐怕不适合搭配蒸汽弹射器使用，因此海军航空局最初是打算为"企业"号航空母舰配备C 14弹射器。但测试显示C 14的工作并不十分可靠，陆续出现许多技术问题。这种内燃式弹射器还未妥善解决连续弹射时可能发生的过热问题。尽管设有注水冷却机构，但C 14燃烧室内的气体温度最高可超过2000℉，在密集进行弹射作业时，冷却系统若不能在短短几十秒操作间隔时间内，就将燃烧室的热量带走，很容易便会出现过热而造成危险；但若拉长弹射作业间隔，却又无法进行较密集的弹射作业，难以满足航空母舰战术操作需求。

最后C 14被判定为不适合舰载操作，尽管正在建造中的"企业"

号航空母舰已经安装了搭配C 14用的大型空气压缩机，美国海军仍决定让"企业"号航空母舰改用同时间发展的C 13蒸汽弹射器，C 14则停止发展，C 13也从此取得新一代标准航空母舰弹射器的地位。

C 15弹射器

虽然C 14的发展没有成功，不过有鉴于内燃式弹射器仍具相当的发展潜力，美国海军仍持续进行这类型弹射器的开发，成果便是C 15弹射器。C 15是1957年便开始发展的新型内燃式弹射器，性能较C 14更高，拥有260英尺弹射行程，可将6万磅重物体以200节速度射出，性能十分惊人。据说C 15弹射器曾在1964年1月进行过陆基的初步试验，但此时美国海军对C 13蒸汽弹射器的表现十分满意，C 15内燃弹射器却还有许多问题有待解决，于是美国海军便决定日后所有新造航空母舰都采用C 13弹射器，最后在1965年结束了内燃式弹射器的发展。

内燃式弹射器的复活

当时间进入20世纪90年代中期后，考虑到蒸汽弹射器的发展潜力已经发掘殆尽，美国海军决定在未来航空母舰上采用全新开发的电磁弹射器。然而问题在于，电磁弹射器是专门为搭配特别强化电力输出的新一代"福特"级航空母舰而设计的，难以应用在现役的"尼米兹"级航空母舰上（"福特"级航空母舰的发电能力较"尼米兹"级航空母舰高3倍），然而"尼米兹"级航空母舰既有的C 13蒸汽弹射器又没有大幅提高性能的余地，因此便有人建议改用内燃弹射器，作为一种提升"尼米兹"级航空母舰弹射性能的方式。

这些内燃弹射器支持者声称，凭借着20世纪90年代的燃烧室设计、燃烧控制、精密点火与喷注技术，已可解决内燃弹射器技术问题，若为"尼米兹"级航空母舰换装内燃弹射器，将能省下至少78万磅重量与大量内部空间，而且内燃弹射器提供的弹射能量还比电磁弹射器更高——当前蒸汽弹射器能提供的能量上限为75MJ、电磁弹射器为122MJ，而内燃弹射器则高达792MJ（以每次弹射燃烧6加仑

JP-5航空燃油为基准）。

内燃弹射器不仅可提供更大的总能量，能量转换效率也较另外2种弹射机制更出色，其燃烧反应产生的化学能可直接转换为促使空气膨胀的热能，每次弹射只需燃烧数加仑JP-5航空燃油就能获得足够的弹射能量。而电磁弹射器效率不如内燃弹射器，从核反应堆加热蒸汽、蒸汽推动涡轮，再由涡轮驱动发电机将机械能转换为电能，一直到电磁弹射器的输出，电磁弹射总共需经过7次能量转换，即使每次转换都有80%的效率，总共输入581.75MJ能量后，最后也只能得到122MJ的弹射能量输出。

内燃弹射器另一大优点是可沿用C 13蒸汽弹射器既有的许多硬件（如动力汽缸、活塞与弹射滑车等），只需将后端的蒸汽相关机构换成内燃机构即可，所需经费比起全新研制的电磁弹射器低了许多。而且由于弹射消耗掉的燃料与氧化剂数量都不多，所以操作成本也相当节省。

总的来说，内燃弹射有着类似电磁弹射的节省空间重量、弹射加速平顺、可减少维护需求等优点，还能提供比电磁弹射更高的弹射能量与能量转换效率，并且能回溯改装到既有的"尼米兹"级航空母舰上，让"尼米兹"级航空母舰的弹射能力达到配备电磁弹射器的新航空母舰同等水平，同时研发与操作成本都更低[1]，因此曾被许多人看好。

美国海军海上系统司令部（NAVSEA）、航空系统司令部（NAVAIR）、航空航天署、ATK公司[2]与部分学界人士，曾在1995—1998年间组成一个内燃弹射器（ICCALS）团队负责推动相关技术发展，内燃弹射器团队发展了一套引进了多重燃烧室以及现代化燃烧、点火、喷注与电脑化控制等的新技术，可提供具有平顺弹射能量输出与高度可控等特性的新一代内燃式弹射器，并由ATK制造了原型燃烧室进行了初步测试，还计划将莱克赫斯特海军航空工程站的

[1] 但电磁弹射能与新一代航空母舰的整合电力系统融合运用，灵活调配全舰电力运用，还能精密调整输出弹射功率，这是其他类型弹射器所不具备的优点。

[2] ATK在2001年并购了泰奥科尔公司，从而取得了后者的内燃弹射器相关技术。

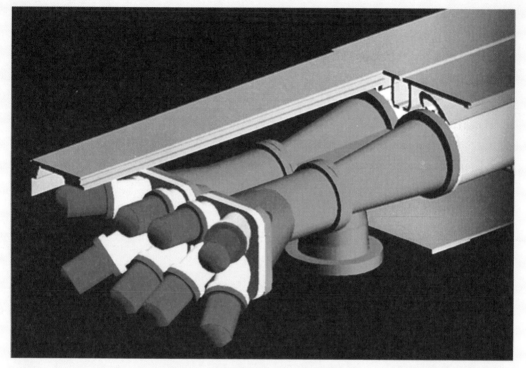

陆基C 13与C 13 Mod.2弹射器修改为内燃弹射器进行试验。然而，美国海军却在1998年5月决定集中资源优先发展电磁弹射器，终止了对内燃弹射器计划的支持。

尽管官方中止了内燃弹射器发展计划，但仍有看好此技术的人士成立了弹射系统（Launch-System）公司，试图继续推动这种弹射器的开发，并向海军与国会展开了游说工作，希望能获得拨款，以便将莱克赫斯特海军航空工程站的蒸汽弹射器修改为内燃式，借以验证与展示他们的构想，虽然直到目前为止这种想法还没有具体进展，不过内燃弹射器是电磁弹射器之外另一种十分有潜力的蒸汽弹射器后继者，值得关注后续发展。

上图：内燃弹射器团队设计的新一代内燃式弹射器，采用新的多重燃烧室，可以产生更平均的燃烧输出，从而得到更平顺、且高度可控的弹射能量。（美国海军图片）

第 **4** 部
光学降落辅助系统的发展

★★★★★

7

光学降落辅助系统
的诞生

航空母舰素有"海上机场"之称，但比起陆地上的机场，航空母舰本身同时也是可变换位置的机动载具，再考虑到飞行甲板空间十分有限，还有因海况而导致的舰体摇晃问题，航空母舰降落作业的难度远高于陆地机场降落，允许的犯错空间远小于后者，稍一不慎便会酿成事故。

在航空母舰刚诞生的20世纪20年代，当时的先驱者们便面临了航空母舰降落作业的三大难题：

（1）飞机返航时，如何在茫茫大海上找到航空母舰的导航问题。

（2）返航的飞机找到航空母舰后，如何让飞机以适当的方式下降着陆到航空母舰甲板上的降落进场问题。

（3）当飞机降落到飞行甲板上后，如何在空间有限的甲板上安全停止的制动问题。

第1个问题的解决有赖于无线电导航与通信技术的发展，第3个问题则可通过各种制动拦阻设施的发展获得解决，而为了解决第2个问题，则诞生了各式各样的着舰引导机制。

黎明期的探索

在航空母舰发展黎明期的20世纪20年代,要将飞机成功降落到航空母舰上,几乎只能依靠个别飞行员的技能。当时舰载机的主流是复翼飞机,虽然复翼飞机速度很慢,但由于机翼面积大、可提供的升力也大,降落进场速度非常低,一般只有40节,也没有什么复杂的气动力控制面,相对易于操纵。除了必须在进场过程中保持足够动力,以便能降落到运动中的航空母舰上以外,当时的航空母舰降落与陆地机场降落有许多相似之处,只需利用尾翼升降舵调整高度,就能将飞机和缓、轻柔地降落到航空母舰上。

但另一方面,复翼飞机也存在着前向视野不佳的问题,飞行员的前向视野会被上翼与机翼支柱遮挡,而且在降落进场的最后阶段,后三点式起落架飞机采行的三点同时着陆方式,也会因机头上抬之故,而进一步恶化前向视野,以致飞行员不易掌握自身与甲板的相对位置。于是为了改善航空母舰降落的作业安全,美国海军很早便发展出人工降落导引机制。

美国海军从1922年开始,在他们的第1艘航空母舰"兰利"号(USS Langley CV1)上摸索航空母舰运用牵涉到的各种问题,最基本的起降作业自然是其中一大重点。

为了协助评估降落作业程序,每次有飞机降落时,"兰利"号航空母舰的首任执行官惠廷(Kenneth Whiting)上校都会使用一部手摇式摄影机拍摄降落过程,当他没有执行飞行任务时,便会站在"兰利"号航空母舰舰艉飞行甲板左舷角落,观察每一次降落。从这个左舷角落位置,惠廷可以看清楚从飞机驾驶座上无法看到的降落触地高度,有时他还会以肢体动作向进场中的飞行员们发出讯息,提醒他们飞得过高或过低等。飞行员们发现,惠廷在甲板上以肢体动作发出的讯息,对于他们修正降落进场航迹十分有帮助,于是这种做法也进一步发展衍生出了降落信号官(Landing Signal Officer, LSO)。

美国海军的降落信号官

从20世纪20年代中期起，降落信号官便成为美国海军航空母舰正规降落程序中的一部分，美国海军设置了专职人力、发展了标准化的信号手势，并在航空母舰上为降落信号官设置了专用作业平台。

降落信号官一般是由经验丰富的飞行员担任，值勤时站在舰艉左舷、面向进场的飞机，由他们来判断降落飞机的进场操作是否适当，并适时地向驾机进场的飞行员发出各种信号，建议飞行员修正进场速度与下滑角度、关闭发动机油门，或是拉

左图：美国海军在20世纪20年代于其第1艘航空母舰"兰利"号航空母舰的试验探索过程中，发展了后来称做降落信号官的人工降落引导机制，协助飞行员以适当的航向、滑降角度进场。图片为1架沃特VE-7SF"蓝鸟"（Bluebird）正准备降落到"兰利"号航空母舰上的情形，飞行甲板左舷边缘上站的那位甲板人员即为降落信号官。（美国海军图片）

上图：从20世纪20年代中期起，降落信号官便成为美国海军航空母舰降落程序中的一部分，图片为"兰利"号航空母舰上的降落信号官正在引导1架洛宁（Loening）OL水上飞机降落，降落信号官站在特别设置的左舷突出平台上。（知书房档案）

起重飞等。

最初降落信号官发出信号的方式只是使用手势，后来为了让飞行员能更清楚地看见信号，便改以手持彩色信号旗，通过挥舞信号旗来放大信号的能见度。不过由于信号旗容易受风势而影响到能见度，后来便改以球拍状的彩色信号板替代，而这也让降落信号官得到了"乒乓球拍"（Paddles）的昵称。

除了在能见度较佳的白天以外，美国海军也在夜间降落作业中使用降落信号官引导机制。夜间降落的难度比白天高得多。美国海军直到1925年4月，才在圣地亚哥外海的"兰利"号航空母舰上完成首次航空母舰夜间降落。到了1929年时，夜间着舰已经成为所有舰载机飞行员必备的训练课目，美国海军要求每位飞行员每年至少进行4次夜间着舰，不过大都是在明亮的满月或是日落时分进行。

要在夜间执行降落引导作业，对降落信号官也是一大挑战，降落信号官只能凭着目视看到的飞机航行信号灯颜色变化[1]，与听到的发动机运转声音，来判断进场飞机的高度与速度。

接下来从20世纪30年代中期起，随着航空技术的进步，飞机性能有了显著提高，然而新一代的全金属单翼机虽然速度性能更佳，前向视野也比复翼机更好，但失速速度与降落进场速

---

[1] 所有飞机都设置了标准的3组信号灯——左翼尖的红灯、右翼尖的绿灯，以及机尾的白灯，观察灯号的相对位置与移动，即可粗略判断飞机的姿态与航向。

度却也随着升高[1]，操纵变得更复杂。另外新的封闭式座舱固然有助于减少阻力，但也隔绝了飞行员与外在环境的联系，飞行员无法像驾驶以前的开放式座舱飞机般，直接感知外界情况（所以许多飞行员在起降时都喜欢打开座舱罩）。这些变化都对飞行员的操纵技能提出了更高要求，也进一步提高了降落信号官在航空母舰降落作业程序中的关键作用。驾驶新型舰载机的飞行员必须更依赖降落信号官的指引，才能顺利完成航空母舰降落。

当飞机降落到航空母舰上时，随着飞机下降，降落信号官与飞机间的视角会持续变化，所看到的飞机航行信号灯也会跟着改变，在夜间可据此判断飞机的航向与姿态。

上图：这张1928年10月16日拍摄的照片中，"列克星顿"号航空母舰上的降落信号官正在引导1架T4M-1鱼雷轰炸机进场降落，可见到降落信号官是拿着信号旗作业，后来信号旗被球拍状的信号板取代，这也让降落信号官得到了"乒乓球拍"的昵称。（美国海军图片）

二战时期的降落信号官

随着美国海军规模大举扩张，加上大量征募的新进飞行员进入海军服役，也让降落信号官的需求大幅增加。对于战前那些经验老练的飞行员来说，降落信号官只是提供一个辅助建议，即使没有降落信号官的协助，他们也能自行驾机降落；但是对缺乏经验的新进飞行员来说，降落信号官的引导便不可或缺，他们必须在降落信号官的引导指示下才能安全降落到航空母舰上。

二战时期美国海军的降落信号官主要为来自第1线舰队飞行员和从各海军航空站作战训练单位（Operation Training Unit, OTU）毕业的学员。美国海军航空作战训练司令部（NAOTC）

---

[1]　一战时期的复翼机失速速度大都只有40节上下，而20世纪30年代中后期发展的单翼机，失速速度普遍都提高到60节以上。

设于杰克逊维尔海军航空站（Jacksonville Naval Air Station）的降落信号官学校，每月可培训30名降落信号官。包括通常为中尉官阶的降落信号官与助理降落信号官（Assistant LSO）在内的2类降落信号官学员，将先在前1个月的课程中学习降落信号与相关基础知识，接下来便让学员们分成2组进行实习，一半的学员先扮演降落信号官角色，另一半则担任飞行员，然后2组学员再交换角色实习。

身兼飞行员的角色有助于降落信号官正确理解飞行员驾机进场时所面临的问题。降落信号官也必须认识舰上每一名飞行员，并知道他们飞行时的癖好，降落信号官对飞行员越熟悉，也就越能安全地引导他们降落，因此降落信号官要聆听飞行员在降落进场作业上遇到的困难，并给予适当的建议。

完成训练后，学员们将会被送到一些作战训练单位中继续受训2个月，以完善他们的引导技能。然后助理降落信号官将会直接被送到格伦维尤海军航空站（Naval Air Station Glenview）的航空母舰资格认证单位（Carrier Qualification Training Unit, CQTU），在这里他们将与新进飞行员们一同接受训练与认证测验，并在密西根湖上的"紫貂"号（USS Sable IX-81）或"狼獾"号（USS Wolverine IX-64）2艘训练航空母舰上，实际体验数次航空母舰降落，接下来这些助理降落信号官将被指派给舰队航空指挥官们，接受第一线的训练并分派职务。

降落信号官在前往格伦维尤海军航空站之前会在作战训练单位中多待1个月（第3个月），进行搭配不同机种的降落引导训练，然后再到格伦维尤航空站的航空母舰资格认证单位，接受为期2个月的舰载训练与认证。

每艘航空母舰通常会配备1名降落信号官与1名助理降落信号官，有些还会配备第3名，少数航空大队还会拥有自身专属的降落信号官（不过这并不常见）。在航空母舰降落任务中，降落信号官与飞行员们共同协作完成整个降落作业循环，降落信号官必须控制降落作业的间隔，并确保整个作业的平顺，这是一个需要高度集中力与临机应变能力的工作，由于舰载机的进场速度只比失速速度高出7～10节，任何粗心大意都会导致灾难，加上航空母舰甲板空间有限，特别是轻型航空母舰（CVL）与护航航空母舰（CVE）的甲板更是极为狭窄，因此降落信号官的引导必须十分精确，确保进场飞机的速度、并将航向对准甲板中线。

二战中美国海军也对降落信号官的作业装备做了些许改进。首先在工作环境方面，最初降落信号官是直接站在舰艉左舷一小块突出平台上执勤，不过当航空母舰逆风航行、进行飞机回收作业时，强风的吹拂往往会造成降落信号官作业

对页图：二战中降落信号官的装备变化，上面这张1941年底拍摄的"大黄蜂"号航空母舰（USS Hornet CV 8）照片中，可见到降落信号官拿着上面挂着圆盘布的信号板，而下面这张1943年1月拍摄的照片，降落信号官则改用上面挂着横条布的信号板，这种新型信号板较利于在强风中握持。（美国海军图片）

DAY LANDING SIGNAL OFFICER's STANDARDIZED SIGNALS

CUT SIGNAL.—This is a mandatory signal. 1. Pilot cuts throttle immediately. 2. He takes his eyes off the signal officer for the first time and looks at the deck for alignment. 3. He relieves right rudder pressure. 4. He plants the plane as stated, nose goes down. 5. Pilot pulls back on the stick and makes three point landing. This signal is given shortly just before the plane passes the LSO on the stern position.

WAVE OFF.—This signal also is mandatory. The LSO crosses paddles over his head in a vigorous movement. Pilot answers by: 1. Adding full throttle to regain speed. 2. Gaining altitude. 3. Turning left. The pilot must on and under any circumstances.

ROGER.—This signal is the intent if in the same plane attitude and means the plane is in the proper attitude and altitude at the time it is given. As long as the plane remains right, this signal is given. The moment it is out of position, the signal is changed accordingly to indicate to the pilot what he is doing wrong.

HIGH.—This signal indicates the plane is high and the pilot should reduce altitude. He eases the nose slightly, time the throttle. As soon as the LSO comes to roger, the plane nose is raised sufficiently to maintain the new altitude. If necessary, throttle may be added.

LOW.—This signal indicates the plane is too low and the pilot should add throttle first, then climb until the signal comes. As soon as LSO eases the man down slightly to ease the climb. Final step is to reduce the throttle to maintain proper speed.

LOW DIP—This signal indicates that the plane attitude is slightly too low down. It is answered by the pilot's easing the plane nose up. As throttle is added. It may follow a roger signal. Arms start at throttle and return after during.

HI DIP—The roger confirms that the plane is slightly high and the pilot should ease the nose off slightly and return immediately to original attitude.

FLAPS DOWN.—This signal indicates that the plane landing flaps are not down. Paddles are opened with a whole arm motion and closed with a flapping motion.

FAST.—This signal indicates that the pilot has plane is too fast. He answers it by: 1. Easing throttle off. 2. Pulling the nose up slightly so that the plane does not lose altitude. This movement is a difficult signal to answer.

WHEELS.—This signal indicates to the pilot that his wheels are not completely down. It is made by the LSO taking both paddles in one hand and rotating them in a wide circle at one side of his body mimicking the air tone crank method of getting wheels down.

HOOK.—This swing, a chopping movement to wave the deck with both paddles, tells the pilot that his hook is not down. The signal or a full carrier landing is to tell the pilot to send and stay on the ground.

SLOW.—This signal sometimes is called the "come on." It indicates the pilot is alive. It is given by a rowing motion in the wings position. The pilot conveys the signal by adding throttle and gets up on the step. When the "speedily with which the LSO gives the signal. He should not climb his plane any.

SLANT.—This is an attitude signal given by holding the arms at angels, then inclining them to the left or right. It tells the pilot that the wing into the ground is not sufficient. The pilot imagines the rate of bank to the left. It also is used cross slanted to have the pilot get his wings level.

AGITATED SIGNAL.—When the landing signal of fleet gives a signal he may shake paddles in an agitated manner. This indicates the pilot is in a dangerous position and should take immediate and positive action to remedy the situation to avoid trouble. Used with any of above 13 signals.

CUT

WAVE OFF

ROGER

LOW DIP

HI DIP

SLOW

SLANT

HIGH

LOW

FLAPS DOWN

FAST

WHEELS

HOOK

NIGHT NIGHT LANDINGS REQUIRE TEAMWORK WITH PILOTS

Landing signal officer uses lighted wands or luminous paddles to bring plane aboard ship after dark

NIGHT operations are growing more common as the war nears the Japanese mainland. Not all pilots will have searchlights to guide them to landings, as was done in the battle of the Eastern Philippines. They will have to rely ordinarily on the night vision and the illuminated wands of the LSO. The newest development for possible night landing use a luminous cloth which is used on paddles and on the front of the LSO's uniform.

A pilot coming in for a night landing usually pays considerably closer attention to the LSO than to the daytime, when visibility is better. Standard signaling equipment is the past for night operations has been varied, some using neon wands two or three feet long, others with several colored flashlight bulbs in them.

Tri-colored wing lights on old planes—red, amber and green, according to the angle of view—help the landing signal officer determine the attitude of the plane as it comes in for a night landing.

Since the pilot comes in day or night at only 7 to 10 knots above stalling speed, any rough manipulation of the controls might prove disastrous. Because of limited carrier deck space, especially on CVL's and CVE's, the LSO must bring him in with precision. He has to hold the speed down and line the pilot up with the center of the deck.

Some common errors made by pilots include over-correcting for signals, failure to answer signals or slowness in carrying them out. Coming in flat and fast is just as bad as settling too low—one can strain the arrester gear and the other might be hard on the ramp of the flight deck and the nose of the plane.

COMING up the groove, the pilot should not have excessive altitude or pump his throttle. If he tries to rectify poor approaches by climbing just short of the ramp, he is likely to zoom up at an angle over the deck and plop down hard if the signal officer decides he is not too far gone for a cut to bring him in.

On these pages, NANews presents the 15 most commonly used landing signals. Others sometimes are used in field carrier landings. These include signals to bring the cross-leg approach in or out or to show a reversed crossing.

Naval aviation film libraries have available a confidential movie—MN-15a, *Carrier Operations—Landing Signals*.

CUT

WAVE OFF

ROGER

LOW DIP

HI DIP

SLOW

SLANT

HIGH

LOW

FLAPS DOWN

FAST

WHEELS

HOOK

的不便，于是后来便在这块平台后方增设了一座帆布制的挡风板，这块深色的帆布挡风板可以让降落信号官的动作看来更为醒目。

二战中期美国海军还引进了上面挂着横条布的新型球拍状信号板，取代先前使用的圆盘布球拍信号板。信号板上挂着的布条既可发挥提高明视度的作用，又可在强风吹拂下顺着风摆动，便于降落信号官在强风中仍能握持信号板。

另外，随着夜间降落频率的增加，而战时的作业环境常常又不允许开启探照灯与信号灯来引导飞机降落。因此美国海军也发展了针对夜间降落的降落信号官作业模式。降落信号官改拿2～3英尺长的霓虹管发光棒或闪光灯取代日间使用的信号板，以便飞行员看清信号，后期还改穿更明亮的新式连身服以提高明视度。而降落信号官则是通过观察舰载机机翼上的红、黄（白）与绿色航行信号灯判断进场飞机的高度。不过考虑到夜间降落的困难，二战中的美国海军还是尽可能避免进行这类操作。

由于航空母舰航空武力是美国海军在太平洋战场上最主要的作战力量，随着与日本间的海空战斗日趋激烈，降落信号官的任务也更加繁重，如"约克城"号航空母舰上著名的降落信号官特里普（Dick Tripp）中尉，在1943—1945年短短3年间，便累积了超过1万次的航空母舰飞机降落引导纪录，平均1年超过3300次！

皇家海军的甲板降落管制官

由于观念与军种政策的差异，英国皇家海军在航空母舰降落导引机制的引进上，反而慢了美国海军许多。

曾扩充到5000名军官与4.3万名士官兵、拥有近3000架飞机的英国皇家海军航空队（Royal Naval Air Service, RNAS），与原属陆军的皇家飞行军团（Royal Flying Corps, RFC），在1918年4月1日一同被并入新成立的皇家空军（Royal Air Force, RAF）。

对页图：美国海军降落信号官的13种标准信号手势，上为日间版，下为夜间版，除了使用的工具不同外，信号是一致的。（知书房档案）

传奇的降落信号官迪克·特里普

优秀的降落信号官是决定飞行员能否安全返回航空母舰的关键。美国海军传奇性的降落信号官迪克·特里普中尉的事迹便是一个典型。

1943年11月的塔拉瓦（Tarawa）战役期间，"约克城"号航空母舰所属第5航空团的克罗马林（Charlie Crommelin）中校在11月21日的任务中，他驾驶的F6F"地狱猫"座机遭日军机场的40毫米防空炮直接命中挡风玻璃，碎裂的玻璃导致克罗马林失去前方视野，左眼也受伤，只剩下右眼的视力。考虑到在日军基地附近迫降过于危险，但如果发动机、起落架与捕捉钩仍能使用的话，他还有尝试降落航空母舰的机会，于是克罗马林决定尝试飞返"约克城"号航空母舰。

在僚机泰勒（Tim Tayler）的引导下，2架F6F"地狱猫"战机成功飞回200英里外的"约克城"号航空母舰。在"约克城"号航空母舰上空，泰勒先以几乎是翼尖碰翼尖的距离，带着只剩一半视力的克罗马林完成降落前的绕场、并对正甲板方向，接着开始下降进场。由于碎裂的玻璃遮挡了视线，克罗马林被迫将头伸出座舱外以便看清进场信号。幸运的是"约克城"号航空母舰拥有或许是整个海军最好的降落信号官迪克·特里普坐镇，即使遭遇这样恶劣的状况，特里普仍不负所托，安全地引导克罗马林在第一次进场中就成功钩住甲板上的拦阻索。

帮助遭受重创的克罗马林成功返航着舰，只是特里普众多传奇事迹之一，他最著名的功绩，是发生在1944年6月的菲律宾海海战。

在这次战役的尾声，一直找不到日军舰队所在位置的美国海军第58特遣舰队，终于在1944年6月20日下午15点40分发现日军航空母舰舰队主力，由于3小时后就要日落，但日军舰队却远在300英里（555千米）之外，若让舰载机出击，便不得不冒着在夜间进行回收作业的风险，而且当天晚上夜色昏暗，更增添降落的困难。最后第58特遣舰队司令米切尔中将仍决定发动攻击。这次冒险出击取得了击沉日军"飞鹰"号航空母舰与2艘油轮的战果，另外3艘日军航空母舰也有所受损，不过如同事前预料的，美军攻击机群返回特遣舰队上空时已经是晚上20点45分，必须在一片黑暗中设法降落母舰。

"约克城"号航空母舰所属的第58特遣舰队指挥官克拉克少将，决定冒着暴露舰队位置的风险，下令让4艘航空母舰开启灯光、协助飞行员降落。几分钟后，米切尔中将也下达全舰队开启照明设备的大胆决定，尽管如此，整个降落过程仍是一片混乱。返航的196架飞机中，在降落过程中损失了多达80架，多数都是油料耗尽而坠海。"列克星顿"号、"碉堡山"号（USS Bunker Hill CV 17）、"企业"号与"大黄蜂"号等航空母舰都发生了严重的降落事故，出现多起飞机进场失败坠毁在甲板上的意外，虽然驱逐舰彻夜搜救落海飞行员，最后仍有49名落海的飞行员丧生。不过，"约克城"号航空母舰凭借着降落信号官特里普的高超引导技艺，所有降落到该舰上的飞机都安全着舰，没有任何损失。

　　"这家伙几乎有着魔法！" "用我的钱保证！迪克·特里普是整个太平洋最好的降落信号官！"一位SB2C俯冲轰炸机的无线电员巴奇这样描述特里普的能力。

左图：在"约克城"号航空母舰服役的降落信号官迪克·特里普在1943—1945年间完成了超过1万次降落引导作业，是美国海军最著名的降落信号官（上）。迪克·特里普执勤时的英姿，他的指挥动作相当具有个人特色（下）。（美国海军图片）

上图：20世纪20年代主力舰载机都是复翼机，由于复翼机的失速速度非常低，降落时也相对容易操作。如图片中英国舰队航空队20世纪30年代主力战斗机费尔雷（Fairey）"捕蝇鸟"（Flycather），在将襟翼往下打时可将飞行速度降到仅仅40节，飞行员驾机降落进场时，可有更多的时间来调整降落姿态。（知书房档案）

此后皇家海军便不再拥有航空单位，海军航空母舰需要的飞行员与飞机均由皇家空军派遣配属。

合并后的皇家空军中，绝大多数军官都来自陆军，他们也主导了皇家空军的发展，更着重于陆基航空力量的建设。到了1919年，舰队航空力量只剩一个侦察机中队与半个鱼雷机中队，总共只有15架飞机，全都配属到"百眼巨人"号航空母舰上。

到了20世纪30年代初期，由于直接将空军飞行员调派到航空母舰上的做法明显不合乎实际需求，加上为了应对航空母舰兵力的扩大[1]，皇家空军在1924年4月1日组建了舰队航空队

[1] 一战结束时，皇家海军只有"暴怒"号与"百眼巨人"号2艘航空母舰，1924年时增加了"老鹰"号与"竞技神"号2艘新航空母舰，接下来"勇敢"号与"光荣"号航空母舰也分别于1928年与1930年服役。到1930年时，皇家海军一共拥有6艘航空母舰，数量居世界之冠，不过英国航空母舰的飞机搭载量都很少，6艘航空母舰的飞机搭载总数合计只有162架，因此舰队航空队的编制也很小，拥有的飞机总数仅200架左右。

（Fleet Air Arm, FAA），专门负责统辖所有搭配航空母舰与水面舰艇作业的飞行单位，舰载航空兵力也逐渐扩大到20个中队与200架飞机。舰队航空队仍是皇家空军所属的单位，从飞行员到飞机都隶属于空军，但这是一支专门配合海军作业的专责单位，训练、装备与编制都考虑了配合海军航空母舰的需求。

在1920—1930年间这段战争间期，英国的航空母舰力量处于分裂状态。皇家海军只负责航空母舰，飞机与飞行员则是由皇家空军负责，体制本身就存在着船舰与飞行员之间的协同合作问题；另一方面，由于航空兵力规模十分有限，而且飞行员也大多是长期服役、经验丰富的精锐，加上当时的复翼机也相对容易降落，即使美国海军已采用降落信号官多年，英国舰队航空队仍不认为有引进这种人工降落导引机制的需求。

不过到了20世纪30年代后期，为了应对日趋紧张的欧洲情势，舰队航空队的编制规模也随之扩张。新征募的大量新进飞行员，都只接受过速成式的短期训练，无论操纵技能还是经验均不足，难以独立完成航空母舰降落作业。

为了解决这个困难，降低新进飞行员航空母舰降落的事故率，海军部在1937年决定仿效美国海军的降落信号官人工导引降落机制，在航空母舰甲板上配置甲板降落管制官（Deck Landing Control Officers, DLCO），专责引导飞行员驾机降落。然而此时舰队航空队仍属于皇家空军，直到1939年5月24日，舰队航空队才回归海军部管理，重新恢复为皇家海军所属航空单

左图：皇家海军在1939年时引进了类似美国海军的人工降落导引机制，由甲板降落管制官利用手持的球拍状信号板，向降落进场的飞行员发出指引信号，以引导飞行员以适当的下滑角度进场降落，图片为1名甲板降落管制官引导1架"剑鱼"式（Swordfish）鱼雷攻击机降落的情形。（知书房档案）

右图：从1939年起，甲板降落管制官便成了皇家海军航空母舰地勤组员编制中的固定成员，图片为皇家海军"破坏者"号护航航空母舰（HMS Ravager）上的飞行甲板地勤组员，站在最前方的就是甲板降落管制官小组，可见到其中1人手上拿着2支圆形球拍状的信号板。位于甲板降落管制官小组后方的则是甲板飞机搬运组，后方靠左可见到飞机牵引车，后方中央拿着楔形飞机轮档垫，后方靠右则拿着飞机手动启动臂，最右方穿着防火衣与拿着灭火器的则是灭火小组。（英国国防部图片）

位。此后航空母舰与舰载机都隶属于海军，统一了海军航空母舰的人事管理，也让甲板降落管制官与飞行员的紧密协同成为可能。

甲板降落管制官与降落信号官的区别

除了甲板降落管制官与降落信号官名称不同外，皇家海军的航空母舰降落进场与美国海军的还存在些许区别。

皇家海军的航空母舰降落采用较陡峭的下降进场路径，甲板降落管制官则以将信号板往下挥的方式，向飞行员表示降低高度，若将信号板举起则代表要求飞行员拉高；美国海军则采用较平缓的进场路径，降落信号官以高举信号板的方式，向飞行员表示高度过高、必须降低高度，两者在通知飞行员改变高度的手势信号上刚好相反[1]。

不过，当1945年皇家海军航空母舰特遣舰队重返太平洋战场时，考虑到与美国海军协同作战的需要，皇家海军特地在太

---

[1]　在1949年以前，皇家海军舰载机降落时是采用4度至5度的下滑角进场与着舰。美国海军则采用较平缓的1度至2度下滑角进场，直到距舰艉甲板大约200英尺时改为3度下滑角，最后再以6度下滑角着舰。

平洋与东印度洋舰队所属航空母舰上，采用了美国的降落信号协定，以便在联合作战中可与美军航空母舰相互作业[1]。

　　除了进场方式与信号手势稍有差异外，皇家海军的甲板降落管制官与美国海军降落信号官之间还有一个关键区别：在美国海军，降落信号官发出的引导指示仅是一种"建议"，飞行员可依自身判断进行降落操作，并为自己的安全着舰负责；在皇家海军，甲板降落管制官的指示则是飞行员必须服从的命令，因为甲板降落管制官承担让飞行员安全着舰的责任。

　　至于降落进场的指引程序，皇家海军与美国海军大致是相同的。

上图：皇家海军的"破坏者"号护航航空母舰上，甲板降落管制官引导1架格鲁曼"岩燕"（Martlet）战机降落。可见到甲板降落管制官的执勤位置是在飞行甲板左舷外侧的凸出平台上，该舰还在甲板降落管制官位置后方附加一片遮风板，从图片中可注意到甲板降落管制官一直举手发出指引信号，直到这架"岩燕"战机将触及甲板时才把手放下。（英国国防部图片）

[1]　后来当北约组织（NATO）于1948年成立后，包括英国在内的所有北约国家海军，都采用了美国海军的航空母舰降落作业信号标准。

上图：在美国海军，降落信号官发出的指示，仅仅是对飞行员的建议。而在英国皇家海军，甲板降落管制官发出的指示信号，对飞行员来说是必须服从的命令。图片为1架"剑鱼"式轰炸机正进场降落到航空母舰上时，从飞行员角度所见到的甲板降落管制官。甲板降落管制官双手平举代表"保持"（Steady），意指飞行员保持目前的下降速度与姿态。（知书房档案）

上图：皇家海军甲板降落管制官的手势信号，与美国海军降落信号官的手势信号有所不同，如图片中这位"独角兽"号航空母舰（HSM Unicorn）甲板降落管制官的双手平举手势，在皇家海军是代表"保持"，在美国海军则是代表"收到"（Roger）。1948年以后包括英国在内的所有北约国家海军统一采用美国海军的信号手势。（英国国防部图片）

在回收飞机前，航空母舰会先掉转船头，以获得迎头的甲板风协助，从而降低飞机的降落进场速度。为此，必须先由值班军官（Officer of the Watch, OOW）依据风向与航空母舰预定航迹（Position Intended Movement, PIM），计算出指定飞行路线（Designated Flying Course, DFC）。不过，如果是在战时，为了避免航向遭敌方掌握，航空母舰不会长时间维持相同航向，所以只会在指定飞行路线上短暂停留，飞行员必须利用这个短暂的时机完成降落作业。

如同一般的飞机降落程序，舰载机飞抵航空母舰上空后先以四边或五边飞行进场、对正航空母舰甲板中轴线并取得舰桥降落许可后，飞行员便开始驾机下降，当他可以看到甲板降落管制官的信号时，便开始接受甲板降落管制官的引导指示。

皇家海军的甲板降落管制官一般是由有丰富航空母舰作业经验的飞行员担任，利用手持球拍状的信号板向返航降落的飞行员发出指示信号，所以又被称为"击球手"。甲板降落管制官值勤时的位置，与美国海军相同，都是在舰艉左舷的飞行甲板外侧，负责监看舰载机降落过程中最后的进场阶段，并适时以信号板手势向飞行员发出诸如"向左""向

右""太高""太低"等指示，导引
飞行员校正飞机的航向、速度与姿
态，以便对正飞行甲板中轴，并以正
确的滑降角与速度进场，最后钩住
甲板上其中一条拦阻索让飞机制动
停止。

甲板降落管制官的指令对于飞
行员来说是强制性的，在降落的飞机
触及甲板之前，若他认为该机无法
成功钩住拦阻索，便会发出"离开"
（Bolter）的信号，要求飞行员重新
拉起再次进场。

上图：除了仿效自美国海军
的球拍状手持信号板外，皇
家海军还为甲板降落管制官
发展了一些独特的装备，如
照片中这位"光辉"号航空
母舰的甲板降落管制官，便
拿着在能见度不佳场合中使
用的投射灯，以提高手势信
号的明视度。（英国国防部图
片）

另类做法——日本海军的着舰指导灯

二战时期，美国海军与英国皇家海军都先后采用了人工
着舰引导机制来协助飞行员驾机进场，不过日本海军却没有跟
进，而是采用了称为"着舰指导灯"的机械式着舰引导机制。

所谓的着舰指导灯，其实就是陆地机场必备的降落指示灯
在航空母舰上的应用，基本原理源自法国。日本海军引进后，
普遍配备到自身的航空母舰上。

着舰指导灯由安装在舰艉左舷的红、绿2组灯号构成[1]，红
灯有2盏，安装在距舰艉40～50米处，绿灯则有4盏，安装在红
灯后方相距10～15米处。绿灯的位置略低于红灯，两者的连线
与水平线呈6度或6.5度的夹角。

当飞行员驾机进场时，大约在一千米外即可看到着舰指

---

[1]　关于着舰指导灯的安装方式有几种不同说法，一些文献称着舰指导灯是安装在
　　舰艉左舷，用于指引从船艉方向进场着舰的飞行员，有少数航空母舰会在舰艉
　　右舷另外安装1组朝向舰艏的着舰指导灯，以备用于指引从舰艏方向进场的舰载
　　机。但有些文献记载，着舰指导灯是在舰艉左、右舷各安装1组，除了指示飞行
　　员正确的下滑角度外，还可帮助飞行员对正飞行甲板中轴，飞行员可通过目视
　　左右2组着舰指导灯的相对位置，确认自己是否与飞行甲板呈一直线。

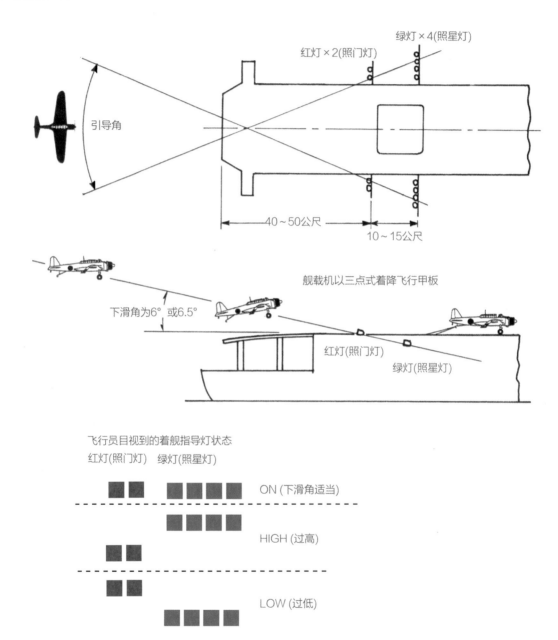

上图：二战日本海军的着舰指导灯运作方式图解。利用安装在舰艉的红、绿灯与水平线形成的夹角，在舰艉形成一条虚拟的下滑路径，以红灯为基准，飞行员依据绿灯与红灯的相对高度，即可判断自身的下滑角是否适当，并据此调整进场操纵。（知书房档案）

导灯的灯号，以红灯作为基准，依据目视到的绿灯与红灯的相对高度，来判断进场角度是否适当：若飞行员见到的绿灯高于红灯，代表他的进场高度过高，须压低高度；若看到绿灯低于红灯，代表高度过低，须拉高高度；若看到绿灯与红灯高度重合，则代表进场高度适当。飞行员通过所看到的红、绿灯相对高度，来调整进场高度，即能以适当的6度至6.5度下滑角度进场降落。其基本原理与用在陆地机场上的目视进场下滑指示灯类似。

　　美国海军与英国皇家海军的航空母舰上，其实也有类似日本着舰指导灯的甲板灯号系统，如英国航空母舰上安装的扇面灯（Sector Light）[1]。不过对于英、美两国海军来说，这类灯号系统只是夜间或低能见度时使用的辅助引导系统，大多数环境下仍是依靠降落信号官与甲板降落管制官的人工指引。

　　相较于美、英的降落信号官或甲板降落管制官人工着舰引导机制，日本这种机械式着舰引导机制有几个优点。

　　◆　可节省降落信号官或甲板降落管制官的人力配置与训练。降落信号官／甲板降落管制官人力的养成并不容易，首先他们必须是合格的海军飞行员，其次还得接受将近半年的降落信号官专业训练，这种专业人力无法速成，但需求量相对并不大（每艘航空母舰只需2～3名）。若改用着舰指导灯这种纯机械式的引导手段，便能省下培育降落信号官／甲板降落管制官人力的麻烦，对于缺乏合格飞行员的日本海军来说帮助尤大，不需要把原本就已十分稀缺的飞行员耗用到降落信号官／甲板

[1] 英国海军航空母舰上安装的扇面灯，是夜间与恶劣气候下使用的甲板降落控制系统（Deck Landing Control System）的一部分。这套系统一共有10种灯组，扇面灯是其中之一，扮演降落下滑道指示的角色，安装在距舰艇末端150英尺的两舷，向舰艇30度水平范围内投射灯光，飞行员驾机进入航空母舰舰艇水平30度范围内即可见到扇面灯的灯光。扇面灯的灯光在垂直方向分成3组不同颜色，视飞机降落下滑角不同，可让飞行员见到其中一种颜色的扇面灯。下滑角低于5度将看到红灯，处于理想的5度至8度下滑角将见到绿灯，8度至15度则会见到琥珀色灯。依据所见灯号颜色，可让飞行员调整适当的下滑角。

降落管制官任务上。

◆ 反应速度更快。降落信号官或甲板降落管制官人工着舰引导机制，是一个必须由降落信号官／甲板降落管制官与飞行员双方共同协作才能完成的程序。无论作业多么熟练，从降落信号官／甲板降落管制官观察、判断进场飞机速度、高度并发出适当的信号，到飞行员观察降落信号官／甲板降落管制官信号，然后再调整飞机操纵，双方在信号沟通传达上必须耗用一定的时间，这对进场速度慢的机型来说还不会造成太多问题，但是对进场速度快的机型就会造成麻烦。相较下，机械式着舰引导机制则是一种单向的程序，由飞行员自行观察着舰指导灯，然后调整飞机操纵即可，反应速度快了许多。

◆ 构造单纯，几乎没有失误或故障的问题。

不过，这类机械式装置也有缺点。

整个降落作业仍是依靠飞行员的个人判断，依赖飞行员个别技能来修正进场操纵，不像人工着舰引导机制可由飞行员与降落信号官／甲板降落管制官双方的判断，让降落的失误降到最低，若飞行员判断失误时，仍有通过降落信号官／甲板降落管制官修正的可能性。

另外要特别注意的是，日本航空母舰虽然没有专门的降落

右图：日本海军"苍龙"号航空母舰于1936年进行服役前测试的情形，日本海军采用的是机械式降落辅助系统，所以甲板上没有配置引导人员。（知书房档案）

信号官或甲板降落管制官，但在飞机回收作业时，若出现不允许降落或必须重飞的情况，还是会指派一名船员负责在舰艉挥舞红旗，提醒飞行员禁止降落。

喷气式飞机时代的新挑战

英、美两国海军的实践证明，甲板降落管制官这种人工引导机制，确实能有效帮助经验不足的飞行员安全降落在航空母舰上，有效降低作业事故率。然而这套行之有效的机制，在战后却遭遇了问题。

从20世纪40年代后期起，喷气式飞机逐渐取代活塞动力螺旋桨飞机的角色，然而当时的喷气式飞机优先追求高速性能，以致影响到低速起降性能，进场与降落速度比活塞动力螺旋桨飞机高出许多，进场速度动辄达到100节、甚至110节以上，比多数螺旋桨飞机的70～80节进场速度高出30%以上。喷气式飞机降落进场时可用的作业反应时间也比螺旋桨飞机大幅缩短。人工引导机制主要的问题可归纳为以下两点。

◆ 进场作业可用反应时间过短，降落信号官难以即时指引飞行员修正操作错误。

如前所述，降落信号官人工降落导引机制，是一个需要飞行员与降落信号官双方共同协作的程序，从降落信号官目视观察降落进场飞机的高度、速度，然后发出信号，到飞行员目视降落信号官的信号后再调整飞机操纵，整个程序在状况判断与信号传达上必须耗费一定的时间。

但喷气式飞机由于进场速度高，降落进场作业可用的反应时间比螺旋桨飞机少了1/3甚至1/2，往往没有足够时间让降落信号官与飞行员双方完成状态判断与信号传达程序，降落信号官必须在极为匆促的情况下完成进场作业，出现状况时往往来不及修正，以致事故率大增。

要解决这个问题，必须改用自动化的着舰导引机制，从右图：喷气式飞机的降落进场速度远高于活塞动力螺旋桨飞机，降落作业可用的反应时间也大幅缩短，航空母舰上的降落信号官往往来不及修正进场飞机不适当的动作，以致降落事故率大增。图片为一位降落信号官正以信号板引导一架F2H"女妖"战机降落。（美国海军图片）

而解决人工着舰导引机制的状况判断与信号传达耗时与延迟问题。

◆　早期喷气式飞机难以掌握适当的关闭油门与控制平飘动作。

螺旋桨飞机降落航空母舰时，一般都是在着舰前就关闭发动机，降落信号官会在飞机触地前一刻向飞行员发出"Cut"的信号，指示飞行员关闭油门。飞行员关闭油门后，可利用螺旋桨的风车效应[1]，加上适时拉起机头、作出平飘动作来减缓下沉率（这可以让落地变得更"轻"、更和缓），然后让飞机落到甲板上适当位置、尾钩钩住拦阻索，最后制动停止。

但是对于喷气式飞机来说，由于进场速度快，加上早期的喷气发动机的油门操作反应很慢，即使飞行员关闭油门，发动机仍不会立即停止输出推力，且喷气式飞机没有螺旋桨可以帮忙在关闭发动机后减缓速度，以致降落信号官很难掌握适当的"Cut"信号发出时机。

---

[1]　螺旋桨飞机在关闭发动机后，螺旋桨本身形成一个会产生阻力的风车，可协助降低降落速度。

虽然降落信号官也可提早发出"Cut"信号，让飞行员及早关闭发动机，但早期的喷气发动机重新启动也十分缓慢，一旦发动机停止运转，便无法即时地恢复推力输出，要在这种情况下修正飞机的进场路径或变更姿态变得十分困难。推力消失将导致飞机速度迅速降低，下沉率则迅速增加，此时若为了减缓下沉率而进行平飘操作，些许操作不当很容易便会造成失速，但却又无法即时重启发动机、通过加速来让飞机重新获得控制力。因此为了在进场时仍保有足够的控制能力，必要时还须拉起重飞，喷气式飞机飞行员们都倾向以让发动机保持运转、维持推力输出的方式着舰。

为了解决前述问题，必须发展出一种无须关闭发动机，也可省略平飘动作的降落进场技术，也就是所谓的"No Cut"与"No Flare"进场技术，让舰载机从进场到触及甲板的整个过程，都维持固定的下沉速率，直到尾钩确实钩住拦阻索后，再关闭油门。

二战时期，日本海军已在战争中遭到毁灭，而美国海军二战后的航空母舰航空技术发展重点则是放在建立以航空母舰为基础的核打击力量上，因此最后便由英国皇家海军率先针对喷气式飞机降落航空母舰问题发展出适用于喷气式飞机的新型着舰引导技术。

着舰导引新方法

英国皇家海军很早就认识到解决喷气式飞机航空母舰降落引导问题的必要性。早在1945年初，皇家飞机研究所在研究弹性降落甲板时，也同时提议发展一种"机械瞄准仪器，能够充当'自动化着舰引导官'角色负责传递信号……为飞行员提供接近（航空母舰）时的标示与（操作）修正指示"。皇家飞机研究所所属的海军飞机部，稍后也建议发展一种改进的、用于引导飞行员驾驶喷气式飞机着舰的新方法，借以辅助或取代甲板降落管制官这种人工导引方式。

上图：喷气式飞机进场速度快，着舰作业反应时间很短，因此喷气式飞机的航空母舰降落对飞行员与降落信号官都是很大的挑战。图片为1架F7U "弯刀" 式战机降落失败的连续镜头，可看出这架F7U "弯刀" 式战机的进场高度低，也过于偏向左舷，导致着舰时直接撞上舰艉左舷的降落信号官所在位置。幸运的是，降落信号官眼见情势不对，在撞击前便先行逃离了。（美国海军图片）

其实早在20世纪30年代，皇家海军航空母舰上便装设了机械式的着舰引导系统，就是用于指示降落下滑道的扇面灯，不过扇面灯在每个扇面区的波束只有3度，如果飞行员驾机爬升或下降速度过快，就无法获得扇面灯的指引，所以必须另外寻找更理想的引导机构设计。

需求虽然很早便已提出，但观念与技术要获得突破却非一蹴而就。经过6年的酝酿后，航空母舰降落技术才终于在20世纪50年代初期得到了突破性的进展，出现了全新的镜式着舰辅助系统（Mirror Landing Aid System），也称为甲板降落镜式瞄准器（Deck Landing Mirror Sight, DLMS），或简称为 "助降镜"。

尼可拉斯·古德哈特

镜式着舰辅助系统的发展与协助喷气式飞机降落航空母舰的另一项重要发明——斜角甲板，几乎是同时间由在军需部中任职的皇家海军军官构想出来，康贝尔上校构思出斜角甲板，而他麾下的海军中校尼可拉斯·古德哈特（Nicholas Goodhart），则是镜式着舰辅助系统的发明者。

如同发明斜角甲板的康贝尔，古德哈特也是飞行员出身，他不仅拥有丰富的航空母舰作业经验，还曾在英格兰伯斯坎比（Boscombe Down）飞机测试中心，以及美国海军的海军航空测试中心担任过试飞员，整个飞行生涯驾驶过50种以上不同的飞机。

1951年夏天，当时在军需部担任技术秘书的古德哈特发明出一种引导喷气式飞机以适当角度降落到航空母舰斜角甲板上的新方法。依据古德哈特日后接受访谈时的说法，他利用向办公室女秘书借来的口红与镜子，向同仁们首次展示了这种无须经由甲板降落管制官、可让飞行员自行判断合适降落下滑角的方法。

他先用口红在镜子中央画了一条水平横线作为基准线，将镜子以一个上倾角放置在桌上，然后把口红竖立在镜子前面一小段距离的桌上。他要求观察者以镜子中口红倒影的尖端作为视线瞄准目标，注视镜子中口红尖端与基准线

镜式着舰辅助系统的发明人古德哈特，他在二战中先后担任舰艇工程军官、飞行工程军官与战斗机飞行员，战后转任试飞员，并曾作为交换试飞员任职于美国海军航空测试中心。20世纪50年代担任技术幕僚与管理职务，还担任过"海镖"（Sea Dart）防空导弹的计划经理。他以发明镜式着舰辅助系统的功绩获得美国海军颁发的军团功绩勋章，1972年又获得英国政府颁发的巴斯骑士团勋章（The Most Honourable Order of the Bath），以表彰他40年海军服役生涯的贡献，最后于1973年以少将官阶退役。除了公职外，古德哈特从年轻时代便是滑翔机爱好者，长期担任世界滑翔锦标赛英国代表队的成员，曾获得多项滑翔竞赛冠军，还缔造过英国的滑翔机爬升纪录与滑翔距离纪录，是滑翔机界的名人。（英国国防部图片）

的相对位置。若观察者的视角适当，将会看到口红尖端刚好位于基准线上，此时代表观察者的视角与镜子的上倾角相吻合；若看到口红尖端位于基准线上方，代表视角过高；若看到口红尖端位于基准线下方，则代表视角过低。

通过这种检查基准线与瞄准标的物相对位置的方法，观察者自身即可判断视角是否适当（是否与镜子设定的上倾角相合），原理十分简单。

镜式着舰辅助系统的原理

当应用到实际环境中的航空母舰上时，则是以大型的铝制柱面凹面镜充作镜子，以安装在镜子两旁的一排绿色灯号充当基准线，并以多组高功率探照灯作为照射光源，利用光源照射到镜子上形成的光球，充当视线瞄准目标。

通过柱状凹面镜，可让进入斜角甲板的飞行员仍能从侧面看到凹面镜反射的光源。这套凹面镜被安装在飞行甲板左舷的稳定平台上，镜面与水平面间有3度倾角，然后利用设置于航空母舰船舷、与反射镜相距150～200英尺的多盏探照灯作为光源，将光线投射到反射镜上汇聚为光球，也就是所谓的"光点"（Blob of Light，皇家海军术语）或"肉球"（Meatball，美国海军术语）。

当光源照射凹面反射镜时，镜面反射出的光线便会在舰艉上空形成一条"虚拟"的下滑道（Glideslope）。飞行员驾机接近舰艉时，通过观察在反射镜上所看到的光球位置，便能判断自身的下滑角是否合适。

若飞行员看到的光球位于反射镜中央，就代表飞机正处于合适的3度下滑角状态；如果看到的光球靠反射镜下方，则表示下滑角过小；若看到的光球位于反射镜靠上方位置，则代表下滑角过大。

光源中的多组探照灯各有独立电源供应，可避免单一电路故障导致光源失效；通过选择合适的光源颜色与亮度，可显

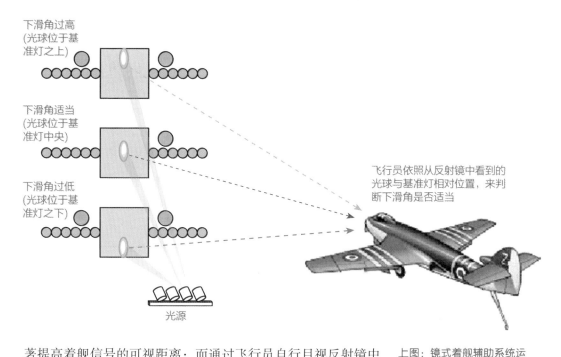

下滑角过高
(光球位于基
准灯之上)

下滑角适当
(光球位于基
准灯中央)

下滑角过低
(光球位于基
准灯之下)

光源

飞行员依照从反射镜中看到的
光球与基准灯相对位置,来判
断下滑角是否适当

上图:镜式着舰辅助系统运
作方式图解。(知书房档案)

著提高着舰信号的可视距离;而通过飞行员自行目视反射镜中
光源照射光球来判断下滑角是否适当的做法,比起先前的人工
引导机制也大幅缩短了反应时间,反应时间被缩短到飞行员自
身的反应判断时间,同时也消除了人工引导信号存在的误判可
能性。

很明显,古德哈特提出的这种镜式着舰辅助系统,基本原
理与二战日本海军的着舰指导灯如出一辙[1],只是古德哈特使
用镜子反射方式来投射出着舰瞄准点,而日本海军着舰指导灯
则是使用灯光直接投射,不过两者间仍有一些差异:

（1）日本海军的着舰指导灯,是将灯号光源直接投射到
空中,给飞行员作为目视信号,有效目视距离只有1000米左

[1] 日本海军的着舰指导灯实用化时间远早于英、美海军在20世纪50年代中期才开始
使用的镜式着舰辅助系统,所以许多日本文献往往把日本列为最早在航空母舰
上采用机械式光学着舰引导系统的国家。但实际上二战时的英美两国海军,也
曾在航空母舰上使用过类似的降落引导灯号,作为夜间降落的辅助引导手段。

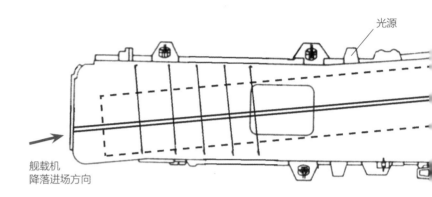

光源

舰载机
降落进场方向

右二图：镜式着舰辅助系
统的主反射镜与基准灯组
（上），以及光源组（下）
图解。（知书房档案）

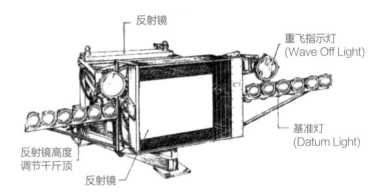

反射镜

重飞指示灯
(Wave Off Light)

基准灯
(Datum Light)

反射镜高度
调节千斤顶

反射镜

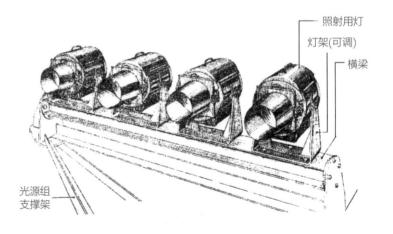

照射用灯

灯架(可调)

横梁

光源组
支撑架

镜　　斜角甲板

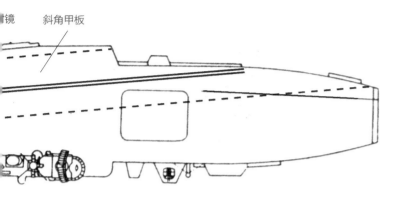

左图：镜式着舰辅助系统在航空母舰上的配置。含光源与反射镜两大部分。（知书房档案）

右。古德哈特的装置采用以凹面镜汇聚反射球状光源的方式，来产生给飞行员目视的信号，最远可从3000米外便开始发挥引导效用。

（2）日本海军的着舰指导灯是固定安装在航空母舰上，所以投射出的着舰滑降角会随着舰体的纵摇而摆动，当波浪较大时，舰体的纵摇将会影响飞行员目视着舰指导灯所得到的下滑角度判断。相较下，古德哈特的镜式着舰辅助系统，则是安装在一个陀螺稳定平台上，可减缓与补偿舰体纵摇所造成的影响。

光学降落辅助系统的演进

为了克服喷气式飞机降落速度过快导致航空母舰上的人工降落指引机制失去效用问题，在军需部中任职的英国皇家海军的海军中校古德哈特提出了镜式着舰辅助系统的构想，以机械式引导机构取代人工引导，大幅缩短了指引反应时间，并提高了精确度。

镜式着舰辅助系统的应用与普及

在康贝尔上校协助下，1952年1月举行的海军航空研究委员会会议中，决议将古德哈特的构想付诸实际。于是一组先前曾经负责开发雷达辅助降落系统的皇家飞机研究所技术小组，便依照古德哈特的构想在范堡罗建造了一套镜式着舰导引装置的陆基原型，并于1952年3月测试成功。此后一套原型系统被安装到"光辉"号航空母舰上，于同年10月展开海上测试。

在"光辉"号航空母舰上，镜式着舰辅助系统的反射镜组被安置在距船艉300英尺处的左舷边缘，最初测试中使用的反射镜是凸面镜，可以将反射光

本页图：图片为1954年时安装在皇家海军"海神之子"号航空母舰上的镜式着舰辅助系统，该舰最初在左右两舷各配备一套镜式着舰辅助系统，左舷系统为一般情况下使用（上），右舷系统则为备用（下）。实际操作经验显示，只需左舷一套系统即已足够，所以后来各航空母舰都只保留左舷的一套。（知书房档案）

扩散到较宽的水平角，好让飞行员在最后一次进场转弯时就能看到。

经过"光辉"号航空母舰上的第一轮初步试验后，"不屈"号航空母舰（HMS Indomitable）在1953年6月安装了改进的镜式着舰辅助系统并投入测试，这套系统安装的位置较为靠后，且位于右舷，被安置在距船艉200英尺的右舷甲板上，改用了铝制表面反射镜，搭配朝向舰艉的绿色基准灯，还配备了皇家飞机研究所的利恩（D. Lean）设计的陀螺稳定系统，以补偿舰体摇动的影响。

1953年6月，在来自美国海军、美国海军陆战队与皇家加拿大海军的观察员见证下，皇家海军试飞员与第一线飞行员在"不屈"号航空母舰上进行了一共106次日间降落与24次夜间降落测试，结果显示镜式着舰辅助系统可带来以下作用：

◆ 搭配抬头式空速显示器或音讯式空速指示器一同使用时，可将降落作业中的人为失误减少一半。飞行员在进场时，可利用安装在挡风玻璃上的空速显示器或是从耳机听到的音讯得知当前的飞机速度，从而可让视线一直保持注视反射镜上的光球，无须为了得知速度而低头观看仪表板。

◆ 无须更改原先降落作业使用的姿态，也无须突然关闭发动机。这个特性对于当时操作反应迟缓的喷气发动机来说十分重要。

◆ 让飞行员注视着反射镜上的光球

信号驾机进场降落，可让飞行员越过船艉时避免产生悬崖边缘效应，同时还能遮蔽船只运动对飞行员感官的影响。

◆ 舰载机可以固定的下沉率降落，在进场过程中可省略平飘动作。

◆ 触及甲板时的降落速度（可降为平均每秒12英尺），而且还有降到每秒8英尺的潜力。这对于起落架设计来说是一大福音，可减轻起落架强度需求。

◆ 搭配改进的夜间降落配置，可将夜间降落进场时最后的绕圈进入高度从现行的150英尺提高到500英尺，从而有效改善夜间降落安全性。

◆ 可视距离远大于甲板降落管制官的信号板，特别是在能见度不佳的场合可提供明显更远的信号引导距离。

依据1953年6月的第二轮测试，皇家海军进一步改进了镜式着舰辅助系统，让这套系统逐步形成完整的面貌。首先是反射镜改用铝材抛光制成的凹面镜，以便将光源的光线聚焦为高品质的平行光束，反射镜尺寸也从最初的8英尺×4英尺（宽×高）缩小到5英尺或6英寸×4英尺。

安装凹面镜的主框架增设了可在4英尺范围内调整高度的机构，以适应不同舰载机机型放下捕捉钩时、从飞行员眼睛到捕捉钩的总下垂高度差异，镜面的倾角可通过手动转轮或遥控自动旋转机构自由设定（标准是3度）。凹面镜两侧各有一具6英尺长的基准灯支架，每侧均装有4具100瓦功率的绿灯，每具绿灯都有一组抛物面反射镜，可形成10度宽的波束。整个凹面镜组的水平框架基座与一套借用自MK III"P"型火炮瞄准器的陀螺稳定仪连动，可将凹面镜组的俯仰摇动幅度控制在相当于航空母舰纵摇幅度的一半。

光源则采用安装在20英尺长支架上的8具240瓦探照灯，整个光源组设置在凹面镜后方160英尺的左舷边缘，正对着凹面镜组。

改进后的镜式着舰辅助系统被安装到"光辉"号航空母舰

右图：飞机降落航空母舰时尾钩捕捉拦阻索的路径是不变的。但随着飞机机型改变，从飞行员眼睛到捕捉钩的总下垂高度也有所差异。所以镜式着舰辅助系统安装凹面镜的主框架可在4英尺范围内调整高度，调节反射镜与光源的角度，以便补偿前述这种因机型不同造成的目视角度差异。（美国海军图片）

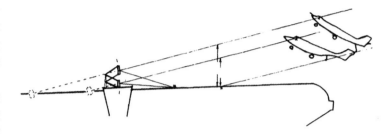

上，于1953年11月展开镜式着舰辅助系统的第3轮原型测试，这套改进的系统安装在"光辉"号航空母舰距船艉200英尺的左舷边缘处，进场的飞行员在最后一次90度进场转弯后就可见到。

参与这次测试的飞行员来自皇家试验部队第703中队、皇家飞机研究所、威尔特郡伯斯坎比的飞机与武器研究中心（A&AEE）和美国海军。测试中使用了"海吸血鬼"战机、1架"塘鹅"式反潜机与1架装设了尾钩的"流星"式战机，以及由803中队飞行员操作的韦斯特兰"翼龙"式攻击机，其中"海吸血鬼"与"流星"式为喷气式飞机，"塘鹅"式与飞龙式则为涡轮旋桨动力飞机。参与试验之前，所有飞行员都在范堡罗皇家飞机研究所的模拟设施进行了30～40次夜间的镜式辅助模拟甲板降落（Mirror Assisted Dummy Deck Landings, MADDLs）训练与完整科目日间着舰训练。

全面普及的镜式着舰辅助系统

1953年底的这次测试获得空前成功，海军部很快就决定全面采用镜式着舰辅助系统。于是从1954年起，镜式着舰辅助系统便与斜角甲板一同陆续被安装到皇家海军现役航空母舰上。而从英国购入前英国海军未完工航空母舰的澳大利亚、加拿大、印度等国，也都在重新展开的建造工程中，引进了英国发明的斜角甲板与镜式着舰辅助系统。

早期多数航空母舰都是在左右两舷边缘各安装一套镜式着舰辅助系统，左舷为在一般情况下使用，右舷为备用，不过实际操作经验证明只需1套即已足够，所以后来这些航空母舰都只保留左舷的1套（而且安装在右舷的反射镜效用也较左舷差）。

　　另外实际量产部署的镜式着舰辅助系统在形式方面也稍有修改，如反射镜两侧的绿色基准灯数量从原型的每侧4盏增加到每侧7盏，光源则从原型的8盏减为4盏。此后又在反射镜两侧的基准灯上方或下方各增设一盏代表禁止降落、重飞的"挥手"警示灯，这组"挥手"警示灯由飞行管制官负责操作，用于指示飞行员放弃着舰、重新进场。

　　使用镜式着舰辅助系统的精确性非常高，因此英国航空母舰上的拦阻索数量可从原来的10多条减少到3条，降落事故率也有大幅度的改善。

下图：1959年拍摄的"胜利"号航空母舰舰艉，可清楚看到镜式着舰辅助系统的反射镜组与光源组的相对位置，照片中靠右方红圈内的即为反射镜组，靠左方较小红圈内的则为光源组，两者相距150～200英尺。（英国国防部图片）

上图："班宁顿"号航空母舰是美国海军第一艘配备镜式着舰辅助系统的航空母舰，图片为"班宁顿"号航空母舰配备的镜式着舰辅助系统，除了反射镜周围多了4盏"挥手"警示灯外，与英国的原版基本上是相同的。（美国海军图片）

美国海军引进镜式着舰辅助系统

当皇家海军正在测试镜式着舰辅助系统时，美国海军一位派遣到范堡罗皇家海军帝国试飞员学校（Empire Test Pilots School）的交换军官尤金（Donald Engen）中校，也在1953年11月，先后在范堡罗与"光辉"号航空母舰上参与了镜式着舰辅助系统测试。

尤金先在范堡罗驾驶"海吸血鬼"Mk 21战机进行了7次进场飞行，然后又在"光辉"号航空母舰上进行了17次进场飞行，实际体验过后，尤金十分认同这套系统的价值，认为这套系统正好能与斜角甲板互相搭配。于是他热心地为英国光学降落辅助系统背书，并于1953年12月向海军作战部长办公室与海军航空测试中心提交相关报告，建议将这套系统引进美国海军。

经过评估后，美国海军高层认可了尤金的提议，除了进行陆基试验外，还决定以刚改装斜角甲板的"班宁顿"号航空母舰（USS Bennington CV 20）作为试验舰，在该舰左右两舷各安装1套镜式着舰辅助系统，从1955年9月开始进行海上试验。

"班宁顿"号航空母舰配备的镜式着舰辅助系统与英国的原版大致相同，差别只是在镜子两旁边缘增设了4盏红色重飞警示灯。来自VX-3与VC-3中队的飞行员们，驾驶FJ-3"狂怒"、F7U-3P"弯刀"式等战机在"班宁顿"号航空母舰上进行了大量的降落进场试验，结果十分成功，通过这套装置，可让飞行员们在飞机着舰前获得至少10秒的时间，用来调整速度、高度与姿态，于是美国海军立即决定在所有航空母舰上配备镜式着舰辅助系统。

最初美国海军曾以为，镜式着舰辅助系统这种机械光学装置可完全替代降落信号官的角色。不过实际运用经验证明，完全依赖机械式装置的做法并不够完善，所以最后采取了人力加上机械式装置相互结合的方式，在镜式着舰辅助系统之外，仍配置了由资深飞行员担任的飞行管制官，负责监看降落状况、与航空母舰飞行管制中心保持联系，并在紧急时向进场中的飞行员发出重飞信号。特别是对于当时还普遍服役的螺旋桨推进飞机来说，由于发动机安装在机首，飞行员前方视线较差，相较于设置于航空母舰左舷舰舯的反射镜，螺旋桨飞机的飞行员还更容易看到位于舰艉左舷末端的降落信号官，所以保留降落信号官仍有必要。

所以在引进镜式着舰辅助系统后，英、美两国海军依旧保留甲板着舰管制官的配置，一般情况下飞行员仍是通过光学系统的引导进场，管制官则在必要时介入。美国海军也对镜式着舰辅助系统做了些许修改，在反射镜两侧与上方增添了由着舰管制官直接控制的"挥手"警示灯，以及提供给螺旋桨推进舰载机用的"Cut"指示灯（提示关闭发动机油门）。

通过这种新式光学机械，结合传统人力引导的着舰导引机制，美国海军航空母舰降落作业的安全性有了保障。在引进镜式着舰辅助系统之前的1954年，航空母舰降落的事故率是每1万架次35次，而在引进镜式着舰辅助系统之后的1957年则降为每1万架次7次！而降落事故率的降低，相当于每年为美国海军节省了将近2000万美元的费用。为此美国海军特别颁发军团功绩勋章（Legion of Merit）给古德哈特，以表彰他的发明贡献。

上图：引进镜式着舰辅助系统后，美国海军也自行做了一些修改，图片为"蓝道夫"号航空母舰（USS Randolph CVS 15）上的镜式着舰系统，可看到反射镜上方增设了一排"挥手"警示灯与"Cut"信号灯，另外两侧的基准灯也改为每侧各4盏，注意图片中这套系统被安装在靠右舷处。（美国海军图片）

镜式着舰辅助系统的不足与改进

　　虽然镜式着舰辅助系统解决了许多喷气式飞机航空母舰降落的问题，但仍存在一些不足。

　　◆　附着在反射镜上的湿气或冰霜，会减损镜子反射光源的清晰度。

　　◆　安装在飞行甲板左舷边缘的镜式着舰辅助系统，限制了航空母舰左舷的空间运用，反射镜与光源之间必须保持净空，在这之间的150～200英尺距离内不能安装其他设备。

　　◆　镜式着舰辅助系统的光源安装位置会干扰到舰岛区域作业人员的视觉，在某些角度上会让舰桥人员目眩，并影响到舰岛与飞行甲板作业人员的夜间视觉。

　　◆　在某些情况下，照射到反射镜上的日光会形成混淆飞行员判断的光点。

　　◆　从进场降落的飞行员角度来看，安装在右舷的镜式着舰辅助系统会因航空母舰烟囱的排烟遮蔽视线，以致无法发挥作用。

　　为了解决镜式着舰辅助系统的不足，英国通用电气公司（GEC）在20世纪50年代中期发展出第2代光学着舰辅助系统，采用由多组光源组成的垂直阵列来取代反射镜，直接投射出多道垂直光束作为进场路径的指引，被称为投射瞄准器（Projector Sight）。

皇家海军的第2代光学着舰辅助系统

　　通用电气公司这套投射瞄准器由12盏垂直排列的24伏150瓦投射灯组成，每盏投射灯搭配反射镜射出光线，然后光线先通过一块滑板（Slide）上的水平狭缝，最后再通过最前端的菲涅耳透镜（Fresnel Lenses）投射出去，形成水平视角很宽（约40度）、但垂直视角很窄（略大于1.5度）、具备高度垂直方向指向性的光束。

　　由于投射瞄准器是由本身主动投射光线，所以不需要先前反射镜系统的光源，另一方面，飞行员见到的是投射光线而不是反射光线，所以可视距离也更远。通过有色滤镜，投射瞄准器最上方10个投射灯的光束呈现为黄色，最下方的2个灯则为红色。当从一定的距离外观看时，每盏邻接投射灯的光束彼此略有重叠，3盏邻接投射灯的光束共同形成一个指引飞行员的区域。

　　在最初的测试中，通用电气公司这套可投射多道垂直光束的投射瞄准器取代了镜式着舰辅助系统中的反射镜角色，搭配位于两侧水平横列的绿色基准灯共同运作，所以整套系统也被改称为甲板降落

下图：英国通用电气公司投射瞄准器的侧面剖图。一共有12盏垂直排列的投射灯，投射灯的光线先经过滑板上的开槽投射到前方的透镜，然后再投射到外界。（知书房档案）

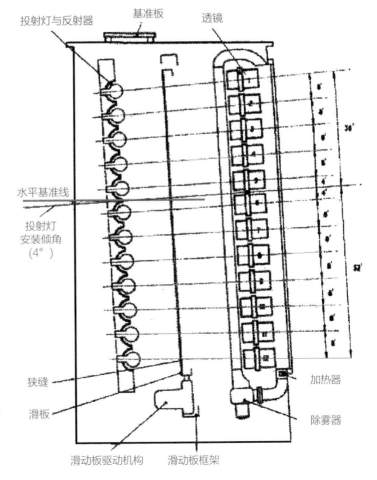

投射灯与反射器　基准板　透镜

水平基准线

投射灯安装倾角（4°）

狭缝

滑板

滑动板驱动机构　滑动板框架

加热器

除雾器

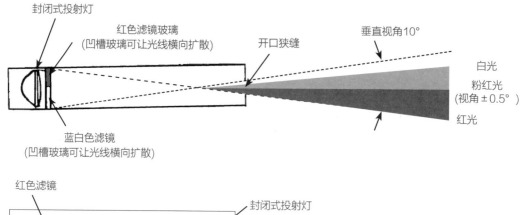

封闭式投射灯

红色滤镜玻璃
(凹槽玻璃可让光线横向扩散)

开口狭缝

垂直视角10°

白光

粉红光
(视角±0.5°)

红光

蓝白色滤镜
(凹槽玻璃可让光线横向扩散)

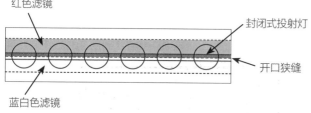

红色滤镜

封闭式投射灯

开口狭缝

蓝白色滤镜

上图：HILO双色滑降引导指示器侧剖图（上）与前视图（下），由横列的6盏灯组成，经由滤镜与狭缝可投射出分别位于最上层、最下层与中层的红光、白光与红一白混合的粉红色光，飞行员依据看到的灯光颜色即可判断下滑角是否适当。（知书房档案）

投射瞄准器（Deck Landing Projector Sight, DLPS）。当飞行员进场接近投射瞄准器到3000码以内便能看到投射瞄准器的灯光，飞行员通过比较目视到的投射瞄准器灯光与两侧绿色基准灯相对高度，就能得知自身的下滑角是否适当。

如果看到投射瞄准器的灯光为黄色，且位于两侧基准灯中央，代表高度适当；如果看到投射瞄准器的灯光为黄色，且高于两侧基准灯，代表高度过高；如果看到投射瞄准器的灯光为红色，且低于两侧基准灯，代表高度过低。通过这种运作机制，投射瞄准器可提供2度以内的垂直方向引导精确度。

而通过调整位于投射灯与透镜之间的滑板倾角，即可调整投射瞄准器投射导引光束的倾角，调节范围为正负5度，滑板倾角调整机构还与陀螺稳定仪连接，可提供校正船只纵摇影响的俯仰稳定功能。所以伺服机构只需驱动重量很轻的滑板机构，就能满足俯仰稳定的需要，而不需要驱动整个投射瞄准器机箱，因而能大幅减小需要的伺服驱动功率。

至于整套投射瞄准器机箱则可以在6.5英尺范围内调整高

度，以适应不同舰载机从飞行员眼睛到捕捉钩的高度。另外，为了避免雾气与冰霜影响到光线投射强度，投射瞄准器还设有除雾器与加热器。

HILO指示灯

继导入投射瞄准器取代反射镜后，皇家海军稍后又引进了称为HILO指示灯的新系统，取代了原先使用的水平横列绿色基准灯。

HILO是一种双色滑降引导指示器，为安装在箱子内的封闭式投射灯，每个HILO箱内含横向排列的6盏投射灯，每盏投射灯的前方覆盖有上下两块不同颜色的滤光镜，上方为红色滤镜，下方为蓝白色滤镜，然后通过箱子前端的狭缝将灯光射出，可折射出高、中、低3层不同颜色的灯光，上层为白光、下层为红光，中层则为白、红光混合而成的粉红光。

整个HILO单元的光线信号可覆盖垂直10度、水平两侧各45度的范围，有效距离超过3英里。当飞行员还在绕边进场时就可看到HILO的信号，若飞行员看到的灯光呈现白色，代表飞得太

下图："皇家方舟"号航空母舰上安装的第2代光学着舰辅助系统，左为较早期的构型，中央纵向垂直排列的灯组即为新型的投射瞄准器组，但两侧仍搭配传统的投射灯式基准灯。右为后期的构型，两侧的基准灯改为新型的HILO指示灯组，即图片中投射瞄准器组两侧的横条箱子。这套系统可在6.5英尺范围内调整高度，左方图片中可见到整座投射灯通过4根支柱拉高，右方图片则降到最低点。（英国国防部图片）

高，若看到红色灯光则代表飞得太低，当看到粉红色灯光时则
代表高度适中，利用垂直视角约一度的粉红色灯光来引导飞行
员以适当的下滑角进场。

随着飞行员所处高度的不同，从HILO指示灯所看到的红、
白灯光混合比例也会有所差异，当飞行员沿着适当下滑角进场
时，会看到由红、白灯光混合而成的不同浓度粉红色灯光，越
偏红代表高度越低，越偏白则代表高度越高。

2阶段的进场引导作业

引进HILO指示灯取代传统绿色基准灯后，皇家海军第2代
光学着舰辅助系统也完整成形，由位于中央的投射瞄准器，与
位于投射瞄准器两侧的横列箱型HILO指示器共同组成。

由于HILO指示灯提供的水平／垂直视角与可视有效距离都
超过投射瞄准器许多，所以在引进HILO指示灯后，整个光学辅
助降落进场程序，也就分为外进场（Outer Approach）与内进场
（Inner Approach）等2个阶段。

外进场阶段始自绕圈进场，飞行员在四边或五边绕场飞行
时，便可通过目视HILO指示灯进入合适的进场高度与下滑角。
待从航空母舰舰艉接近到更近距离、可目视到投射瞄准器的垂
直指示灯号后，便进入内进场阶段，此时飞行员可以利用HILO

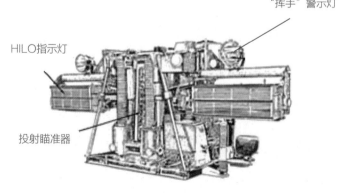

"挥手"警示灯

HILO指示灯

投射瞄准器

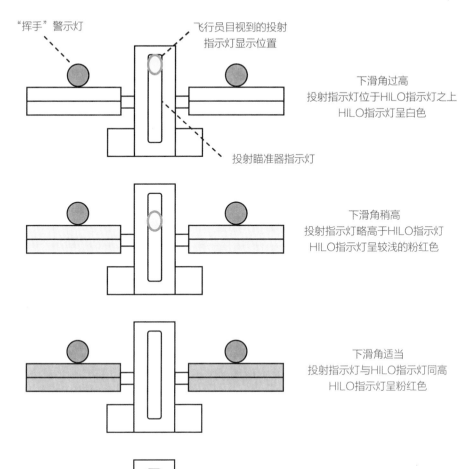

"挥手"警示灯

飞行员目视到的投射
指示灯显示位置

投射瞄准器指示灯

下滑角过高
投射指示灯位于HILO指示灯之上
HILO指示灯呈白色

下滑角稍高
投射指示灯略高于HILO指示灯
HILO指示灯呈较浅的粉红色

下滑角适当
投射指示灯与HILO指示灯同高
HILO指示灯呈粉红色

下滑角稍低
投射指示灯略低于HILO指示灯
HILO指示灯呈较深的粉红色

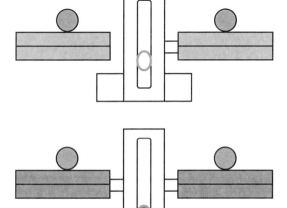

下滑角过低
投射指示灯低于HILO指示灯
投射指示灯呈现红色
HILO指示灯呈现红色

指示灯与投射瞄准器的共同引导，取得更精确的下滑角。

皇家飞机研究所从20世纪60年代初期于"堡垒"号航空母舰上开始进行投射瞄准器的海上试验，稍后又在2艘航空母舰上安装了HILO指示灯。相较于上一代的反射镜式系统，新的投射瞄准器加上HILO指示灯的组合，不仅有效距离更远，受外在环境的干扰较小，也不会影响到甲板上作业人员的视觉，能提供的讯息也更丰富（依靠目视到的HILO信号灯颜色，飞行员即能大略判断自身下滑角是否适当）。另外，投射瞄准器能提供通过不同灯号颜色区别下滑角的功能，这都是以往反射镜上的光球所无法提供的讯息，HILO指示灯与投射瞄准器互相配合，便能提供十分精确的下滑角操纵指引。

于是从20世纪60年代中后期起，皇家海军便陆续以这套新系统替换了原有的镜式着舰辅助系统，并一直使用到英国最后1艘航空母舰"皇家方舟"号退役为止。

美国海军的菲涅耳透镜光学降落系统

美国海军最初是采用从英国引进的镜式光学辅助系统，不过从20世纪60年代初起，两国海军便分道扬镳，在英国通用电气公司开发第2代光学着舰辅助系统的同时，美国海军也针对镜式着舰辅助系统的缺点自行发展了第2代系统，由于这套新系统不再使用反射镜，而改用经由菲涅耳透镜投射的垂直指

右图：美国海军菲涅耳透镜光学降落系统灯号配置图解。这是1963年时的最早期型菲涅耳透镜光学降落系统，后来的菲涅耳透镜光学降落系统在配置上与此稍有差异。（知书房档案）

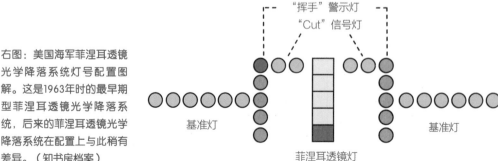

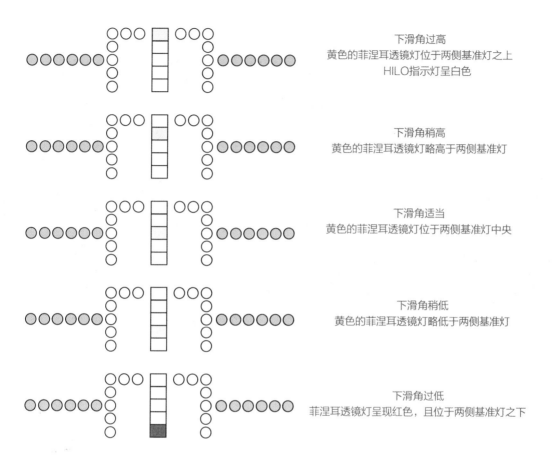

下滑角过高
黄色的菲涅耳透镜灯位于两侧基准灯之上
HILO指示灯呈白色

下滑角稍高
黄色的菲涅耳透镜灯略高于两侧基准灯

下滑角适当
黄色的菲涅耳透镜灯位于两侧基准灯中央

下滑角稍低
黄色的菲涅耳透镜灯略低于两侧基准灯

下滑角过低
菲涅耳透镜灯呈现红色，且位于两侧基准灯之下

示灯号，作为提示飞行员进场下滑角是否合适的信号，因此便被称作菲涅耳透镜光学降落系统（Fresnel Lens Optical Landing System, FLOLS）。

当英国皇家海军与美国海军都放弃原始反射镜形式的降落辅助系统，改用投射灯形式的系统后，这类系统也须改以含意更广泛的"光学降落辅助系统"来称呼。

就基本构造与运作原理而言，美国海军的菲涅耳透镜光学降落系统与英国皇家海军的第2代系统——通用电气公司的投射瞄准器相似，不过菲涅耳透镜光学降落系统没有采用英国那套较为复杂的HILO指示灯，依旧沿用原先用在镜式着舰辅助系统

上图：菲涅耳透镜光学降落系统的灯号运作图解。（知书房档案）

上图："肯尼迪"号航空母舰上装备的菲涅耳透镜光学降落系统。（美国海军图片）

上的普通绿色基准灯。另外菲涅耳透镜光学降落系统也更强调"挥手"指示灯的配置，使用更多的红色灯来呈现"挥手"信号，另外也多了"Cut"信号灯。

整套菲涅耳透镜光学降落系统由中央的光学单元、围绕在光学单元上方与两侧的"挥手"警示灯与"Cut"信号灯，以及两侧横列的绿色基准灯组成。

作为核心光学单元含有上下垂直排列的5盏菲涅耳透镜灯，每盏灯构成一个1英尺宽的显示格，5个显示格的总高度约为4英尺。菲涅耳透镜灯由位于最前端的菲涅耳透镜与后方的投射灯组成，可投射出高度指向性的光束，全部5盏灯覆盖的垂直视角仅1.5度。5盏菲涅耳透镜灯通过滤镜可投射出由上到下一共5层、具备2种不同颜色的光束——上面4盏灯为黄色（实际上更接近琥珀色或橙色），最下面1盏灯为红色。

飞行员通过目视到的菲涅耳透镜灯灯光，也就是所谓的"肉球"，并比较该灯光与两侧基准灯的相对高度，即可得知自身的下滑角是否适当。如果看到黄色的菲涅耳透镜灯光位于两侧绿色基准灯上方，代表下滑角过高；看到黄色的菲涅耳透镜灯光位于两侧绿色基准灯下方，代表下滑角略低；如果看到菲涅耳透镜灯为红色光、且位于两侧绿色基准灯下方，代表下滑角已低到危险限度，必须立刻拉高；只有看到黄色的菲涅耳透镜灯光球位于两侧绿色基准灯中央时，才表示当前的下滑角适当。

　　菲涅耳透镜光学降落系统的运用方式与以往的镜式着舰系统大致相同，只是把反射镜换成垂直排列的菲涅耳透镜灯而已，不过菲涅耳透镜灯可以提供更清楚、丰富的讯息。

　　至于附属的"挥手"警示灯，在启动时则会以每秒90闪的频率，提示飞行员不可着舰、尽速拉起。而"Cut"信号灯最初是用于提示螺旋桨推进舰载机飞行员关闭发动机油门的时机，后来又被用于表示多种不同的信号意义，如当航空母舰处于禁止使用无线电的情况时，可利用闪烁2～3秒的"Cut"信号灯，知会准备降落的飞行员可继续进场，或是以持续闪烁的"Cut"信号灯提醒飞行员增加油门等。"挥手"警示灯与"Cut"信号

下图：菲涅耳透镜光学降落系统的"挥手"警示灯与"Cut"信号灯，都是由降落信号官手动控制，图片中降落信号官高举的控制手把即为控制"挥手"警示灯使用。（美国海军图片）

舰体摇动对光学降落引导系统的影响

随着海面波浪起伏，航空母舰舰体也会跟着出现俯仰摇摆，也就是纵摇或横摇，对于传统直线型飞行甲板航空母舰的降落引导来说，会造成困扰的是纵摇——这会导致飞行员对于下滑角的判断出现误差。至于横摇由于不会改变飞行甲板中轴的方向，并不会造成进场方向引导的误差。

不过，对于配备了斜角甲板的新一代航空母舰来说，飞机降落时要瞄准的方向并不是舰体纵轴，而是朝向左舷外偏的斜角甲板。因此舰体的横摇便会干扰到飞行员对于进场方向的瞄准。为了配合斜角甲板，镜式着舰辅助系统的安装轴向与斜角甲板相同，即以一个角度偏离舰体中线，但也因为如此，当舰体沿着中轴发生横摇时，这将会对镜式着舰辅助系统造成等同于舰体横轴方向的俯仰摇晃——中轴方向的横摇，对于斜角方向来说，等同于幅度较小的纵摇。

而对于从航空母舰船艉斜后方、准备进入斜角甲板的飞行员来说，当航空母舰舰体出现横摇时，他从反射镜上所看到的光球指引信号也会跟着出现轻微的上下摇晃，以致对于进场下滑角的判断将会出现些许误差。斜角甲板的斜角愈大，因横摇产生的这个误差也就愈大，若斜角甲板与航空母舰舰体中轴的夹角为9度，则舰体3度的横摇，将造成进场路径出现1/2度的误差。

美国海军的第2代光学着舰引导系统配有俯仰—滚转双轴稳定系统，可有效抑制前述问题带来的下滑角误差。而英国的第1代与第2代光学着舰引导系统只配有俯仰稳定系统，无法修正横摇误差，因此会受到较大的影响。不过从另一方面来看，当舰体横摇不大时，由此所引起的斜角方向俯仰误差通常很小（仅有零点几度），而且英国航空母舰的斜角甲板角度也较小，也进一步缩小了这个误差，日常操作中可忽略这个问题的存在。

下图：光学降落引导系统本身配有可修正舰体纵轴方向俯仰摇晃误差的俯仰稳定系统。但对于采用斜角甲板的航空母舰来说，当舰体沿着中轴发生横摇时，将会引起斜角方向跟着出现相当于横轴方向的俯仰摇动，对于沿着斜角方向进场的飞行员，目视到的光学降落引导系统指示信号将会出现微幅的上下震荡，以致产生判断上的些许误差。（知书房档案）

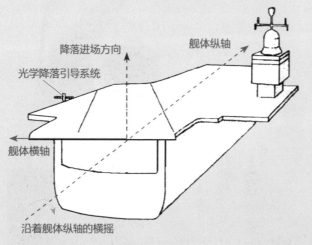

降落进场方向

舰体纵轴

光学降落引导系统

舰体横轴

沿着舰体纵轴的横摇

灯都是由降落信号官手动控制。

为了避免造成甲板上作业人员的目眩，菲涅耳透镜光学降落系统的所有灯号都可在广泛的范围内调整照射强度。

与英国皇家海军的第2代光学着舰辅助系统——投射瞄准器加上HILO指示灯——相比，美国海军的第2代菲涅耳透镜光学降落系统构造较单纯，但有效距离仅1海里，比能提供3英里有效距离的HILO指示灯短了许多（美国海军曾考虑引进英国的HILO指示灯，但最后没有实现）。不过菲涅耳透镜光学降落系统的稳定系统可提供俯仰—滚转双轴稳定功能，可校正舰体纵摇与横摇造成的误差；相较下，英国的着舰引导系统只有俯仰轴稳定功能，只能校正纵摇误差。

尽管存在前述差异，但由于基本原理相同，因此英、美两

下图：美国海军Mk 6 Mod.3菲涅耳透镜光学降落系统（FLOLS）机构图解。（美国海军图片）

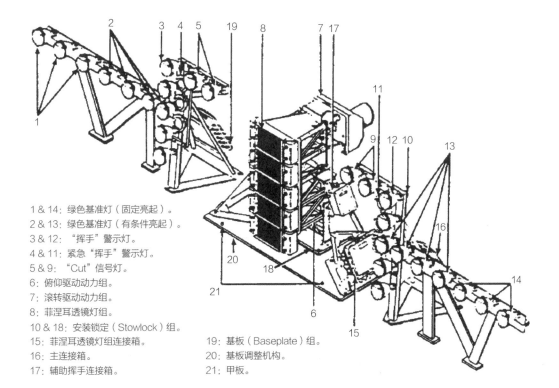

1 & 14：绿色基准灯（固定亮起）。
2 & 13：绿色基准灯（有条件亮起）。
3 & 12："挥手"警示灯。
4 & 11：紧急"挥手"警示灯。
5 & 9："Cut"信号灯。
6：俯仰驱动动力组。
7：滚转驱动动力组。
8：菲涅耳透镜灯组。
10 & 18：安装锁定（Stowlock）组。
15：菲涅耳透镜灯组连接箱。
16：主连接箱。
17：辅助挥手连接箱。
19：基板（Baseplate）组。
20：基板调整机构。
21：甲板。

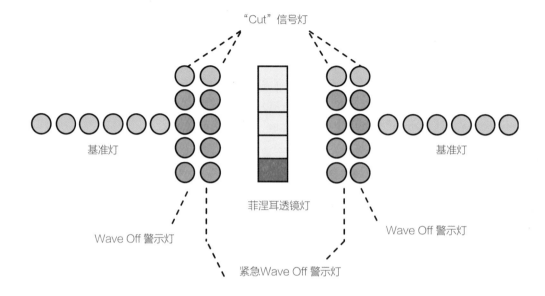

"Cut" 信号灯

基准灯

菲涅耳透镜灯

基准灯

Wave Off 警示灯

Wave Off 警示灯

紧急Wave Off 警示灯

上图：Mk 6 Mod.3菲涅耳透镜光学降落系统灯号配置图解。（知书房档案）

国海军飞行员只需经过少许转换训练，便能适应对方的光学着舰引导系统。英、美两国海军在20世纪70年代进行的多次舰载机交换部署试验，便证明了此点（英国海军把"鬼怪"GR.1战机派遣到美国海军航空母舰上，美国海军也将F-4"鬼怪"、A-6"入侵者"（Intruder）等舰载机派遣到英国"皇家方舟"号航空母舰上）。

改进型菲涅耳透镜光学降落系统（IFLOLS）

从20世纪60年代中期起，菲涅耳透镜光学降落系统便陆续取代了美国航空母舰上原先使用的镜式着舰辅助系统。接下来美国海军又发展了多种菲涅耳透镜光学降落系统的衍生修改版本，进一步改善了菲涅耳透镜光学降落系统的功能，其中较重要的有Mk 6 Mod.3 FLOLS，以及Mk 13 Mod.0 IFLOLS。

20世纪70年开始测试的Mk 6 Mod.3 FLOLS，是美国海军20世纪70年代中期到2000年初期的主力光学着舰引导系统，相较于早期的原型变化并不大，主要是在"挥手"警示灯内侧增设一排紧急"挥手"警示灯。紧急"挥手"警示灯拥有独立的电

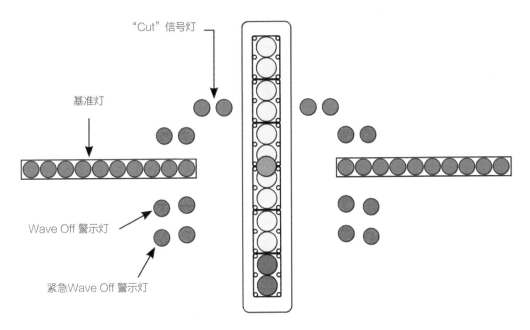

"Cut" 信号灯

基准灯

Wave Off 警示灯

紧急Wave Off 警示灯

上图：Mk 13 Mod.0改进型
菲涅耳透镜光学降落系统灯
号配置图解。（知书房档案）

源与电路，可作为原有"挥手"警示灯故障时的备份，但平时并不使用。

至于20世纪80年代后期由位于新泽西莱克赫斯特海军航空工程站的工程师们开始发展的Mk 13 Mod.0 IFLOLS，在设计上则有较大的更动。

先前菲涅耳透镜光学降落系统的一大缺点在于目视有效距离不足，因此改进型菲涅耳透镜光学降落系统也主要是针对这方面作改进。原先菲涅耳透镜光学降落系统上的5盏菲涅耳透镜灯被12盏的垂直堆叠指示灯取代，总高度从菲涅耳透镜光学降落系统的4英尺增加到6英尺，垂直指示光束被区分得更精细（由菲涅耳透镜光学降落系统的5格增加为12格），并改用经由光纤转换器、更容易聚焦的新光源。两侧的绿色基准灯数量增加到10盏、排列也更长，另外"挥手"警示灯的配置也有所调整，还搭配了改进的数字控制系统，以及可提供3种稳定作业模式的新型稳定系统。

通过这些改进，改进型菲涅耳透镜光学降落系统拥有更远

上图：Mk 13 Mod.0改进型菲涅耳透镜光学降落系统，是美国海军航空母舰目前使用的主要光学降落辅助系统，图片中为"林肯"号航空母舰上安装的改进型菲涅耳透镜光学降落系统，可见到改进型菲涅耳透镜光学降落系统后方设有一块黑色的挡风板，这是美国海军传统做法，可充当改进型菲涅耳透镜光学降落系统灯号的背景，兼具提高改进型菲涅耳透镜光学降落系统灯号辨识度的作用。（美国海军图片）

的有效目视距离（较菲涅耳透镜光学降落系统提高近一倍）、更灵敏与更精确的下滑角指示能力，垂直指示灯的显示也更清晰，另外稳定精度、可靠性与可维护性都有所提高。即使是进场速度提高到140节以上的新一代舰载机〔如F/A-18E/F"超级大黄蜂"（Super Hornet）〕，通过改进型菲涅耳透镜光学降落系统的引导，在降落进场最后阶段仍有15～18秒的时间可用于调整速度与高度，然后精确地降落到飞行甲板上。

美国海军于1997年在"华盛顿"号航空母舰（USS George Washington CVN 73）上展开改进型菲涅耳透镜光学降落系统原型最初的海上测试，并从2001年起开始换装。到2004年时，美国海军所有现役航空母舰都换装了改进型菲涅耳透镜光学降落系统。至于旧的Mk 6 Mod.3 FLOLS仍广泛地配备在各海军航空站上[1]。

从古德哈特发明镜式着舰辅助系统到各式各样电子式降落进场辅助系统的出现，舰载机飞行员在降落时已能获得更多的进场引导协助。以菲涅耳透镜系统为主的光学降落系统在航空母舰降落程序中仍占有举足轻重的角色，如何运用菲涅耳透镜光学降落系统，也仍然是航空母舰飞行员不可或缺的技能。

---

[1] 菲涅耳透镜光学降落系统与改进型菲涅耳透镜光学降落系统都有使用拖车拖曳的陆基机动部署型，可配置在陆地机场跑道旁，作为陆地机场降落引导系统的一部分，或提供航空母舰飞行员训练使用。

手动视觉降落辅助系统

除了菲涅耳透镜光学降落系统与改进型菲涅耳透镜光学降落系统外，美国海军航空母舰上还搭载了1套作为备份与训练用的手动视觉降落辅助系统（Manually Operated Visual Landing Aid System, MOVLAS）。由于手动视觉降落辅助系统的外形与菲涅耳透镜光学降落系统/改进型菲涅耳透镜光学降落系统颇为类似，因此容易造成混淆。此处对手动视觉降落辅助系统作一简单介绍。

当菲涅耳透镜光学降落系统/改进型菲涅耳透镜光学降落系统发生故障而失效，或是航空母舰舰体的摇晃过大超出降落系统的稳定系统允许范围，或是要进行降落信号官与飞行员的训练时，便是手动视觉降落辅助系统派上用场的时候。

手动视觉降落辅助系统在航空母舰上一共有3个部署位置。

位置1：将手动视觉降落辅助系统的光源灯箱直接安装在菲涅耳透镜光学降落系统的菲涅耳透镜灯箱前方，取代菲涅耳透镜光学降落系统的菲涅耳透镜灯角色，但沿用菲涅耳透镜光学降落系统的基准灯、"挥手"警示灯与"Cut"信号灯。

位置2：将含有自身基准灯箱的完整组态手动视觉降落辅助系统独立安装在飞行甲板左舷边缘，必须设置在菲涅耳透镜光学降落系统后方相距75～100英尺的位置处。

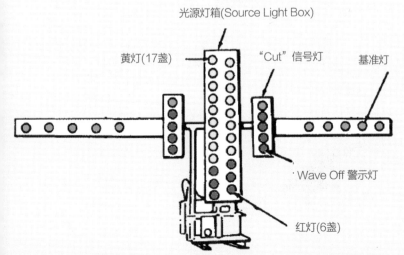

光源灯箱(Source Light Box)

黄灯(17盏)　　"Cut"信号灯　　基准灯

Wave Off 警示灯

红灯(6盏)

左图：手动视觉降落辅助系统（MOVLAS）图解。（知书房档案）

位置3：安装在飞行甲板右舷，大约在舰岛后方的安全停机线外侧，位置由降落信号官或航空母舰部署勤务单位（CAFSU）等相关管理单位军官决定。要使用这个位置可能必须先行移动甲板上停放的飞机。

手动视觉降落辅助系统的灯号配置与菲涅耳透镜光学降落系统大致相同，只是采用的灯组形式有所差异。以MOVLAS Mk 1 Mod.2为例，1套完整的手动视觉降落辅助系统包含有用于显示垂直状态资讯的光源灯箱（Source Lightbox）、基准灯、"挥手"警示灯与"Cut"信号灯等单元，以及安装用基座等。各单元平日分解存放在舰上，待必要时再由舰员以人工方式搬运组装。

其中光源灯箱含有2列垂直安装的23盏灯，用于提供模拟菲涅耳透镜光学降落系统菲涅耳透镜灯的"肉球"光点显示。灯箱前方设有一组活动遮挡板，当遮挡板关上时，灯光强度会减低到只相当于遮板开启时的3.5%，通过电源控制箱还可进一步在更大的范围内调整灯光

下图：手动视觉降落辅助系统在航空母舰上的3个部署位置。（知书房档案）

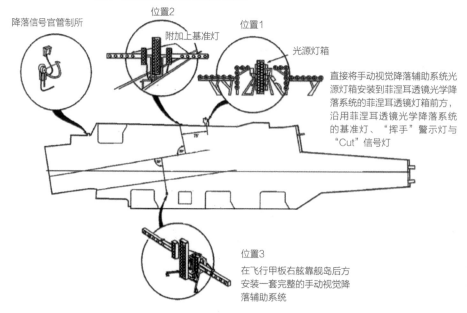

在飞行甲板左舷靠菲涅耳透镜光学降落系统后方安装一套完整的手动视觉降落辅助系统

降落信号官管制所

位置2

附加上基准灯

位置1

光源灯箱

直接将手动视觉降落辅助系统光源灯箱安装到菲涅耳透镜光学降落系统的菲涅耳透镜灯箱前方，沿用菲涅耳透镜光学降落系统的基准灯、"挥手"警示灯与"Cut"信号灯

位置3
在飞行甲板右舷靠舰岛后方安装一套完整的手动视觉降落辅助系统

左图：手动视觉降落辅助系统是以光源灯箱上的垂直安装灯号来模拟菲涅耳透镜灯产生的"肉球"光球，从这张"小鹰"号航空母舰进行手动视觉降落辅助系统训练的照片中可看出，手动视觉降落辅助系统的光源灯箱是以3盏灯为一组开启。（美国海军图片）

强度，以便适应日间与夜间等不同的情况。

　　光源灯箱上方的17盏灯为黄色，最下方6盏灯为红色，提供类似菲涅耳透镜灯最下方一盏红色灯的"高度过低"显示作用。降落信号官可使用2组开关把手，分别控制最下方6盏红色灯的开启与关闭，若把2组开关都关闭，则降落信号官将能在比标准菲涅耳透镜光学降落系统允许的更大下滑角范围内，引导飞行员驾机进场（这等同于关掉了下滑角过低的下限限制，不过一般情况下至少最下面3盏红色灯应维持开启，以提供下滑角最低下限的警示灯号）。

　　当采用位置2或位置3部署时，会在光源灯箱两侧各安装一组基准灯箱，每组基准灯箱都含有5盏独立的基准灯、4盏"挥手"警示灯与1盏"Cut"信号灯。

　　于舰艇作业的降落信号官可利用控制把手上的开关，通过开启光源灯箱上不同的灯来决定"肉球"灯号位置，随着降落信号官对控制把手的控制，光源灯箱的灯光可以3～4盏灯为一组，往上或往下连续地依序亮起，借此便能调整飞行员所看到的"肉球"光点位置。

　　至于光源灯箱与基准灯箱的灯光强度调整开关，以及"挥手"警示灯与"Cut"信号灯的开关，则是另行独立控制。

上图：手动视觉降落辅助系统的各单元平日分解存放于舰上，待必要时再由舰员以人工方式搬运组装。图片为"小鹰"号航空母舰的航空部门人员正在搬运手动视觉降落辅助系统的光源灯箱与基准灯箱。（美国海军图片）

对页图：手动视觉降落辅助系统的3种部署方式，由上而下分别为位置1、位置2与位置3的部署。（美国海军图片）

　　使用手动视觉降落辅助系统时，进场中的飞行员可通过比对目视到的光源灯箱显示的"肉球"灯号，以及两侧基准灯的相对高度，来判断降落下滑角是否适当。

　　不过，由于手动视觉降落辅助系统所显示的"肉球"光点位置是完全由降落信号官利用手动控制所决定，因而不能保证"肉球"光点显示位置的正确性，所以在使用手动视觉降落辅助系统时，降落信号官必须同时通过飞行员降落辅助电视系统（Pilot Landing Aid Television, PLAT）之类装置的帮助，利用飞行员降落辅助电视系统影像提供的反馈资讯，判断当前手动视觉降落辅助系统上显示的"肉球"位置是否适当，并即时调整手动视觉降落辅助系统的光源灯箱垂直灯号，修正"肉球"灯号的显示位置。

其他国家航空母舰的光学着舰辅助系统

右图：法国"戴高乐"号航空母舰的光学降落辅助系统，灯号配置方式与美国海军的菲涅耳透镜光学降落系统几乎如出一辙。（知书房档案）

英国是光学降落辅助系统的创始国，从英国采购航空母舰的澳大利亚、加拿大与印度等国，也相继引进英国的光学降落辅助系统。由于英国政府在20世纪60年代后期便放弃了继续发展传统起降航空母舰，而皇家海军最后1艘传统起降航空母舰——"皇家方舟"号，也于1978年退役。从20世纪70年代以后，英国在光学降落辅助系统方面就没有新发展。因此美国便后来居上成为光学降落辅助系统发展与运用经验最丰富的国家。

美国海军最初也是引进了英国发明的镜式着舰辅助系统，不过从第2代系统起，英、美两国便走向各自独立发展的道路。而后来发展传统起降航空母舰的其他国家，在光学着舰辅助系统方面走的也都是

右图：俄罗斯"库兹涅佐夫"号航空母舰（Admiral Flota Sovetskovo Soyuza N.G. Kuznetsov）的光学降落辅助系统，灯号配置比美国的菲涅耳透镜光学降落系统简单些，不过基本组成仍是大同小异。（知书房档案）

仿效美国海军体系的路线，英国发展的一些独特设计反而没有得到继承发展（如英国独有的HILO指引灯），从法国的光学着舰辅助系统照片可看出，其在配置上都与美国海军的菲涅耳透镜光学降落系统十分类似，运作原理也是相同的。

至于西欧国家海军广泛流行的"短距起飞与垂直降落"（STOVL）航空母舰，虽然"短距起飞与垂直降落"战机的降落进场程序与传统起降飞机有所差异，但仍然存在下滑进场的程序，只是降落瞄准的标的，以及降落程序的最后阶段不同，因此"短距起飞与垂直降落"航空母舰也能采用与传统起降航空母舰类似的光学降落辅助系统，只需在配置上做对应的更动即可，我们这里附上一张意大利卡尔佐尼（Calzoni）公司的电子光学甲板进场系统（EODAS）图片供作参照。

上图：配备在意大利"加富尔"号（Cavour）航空母舰与西班牙"胡安·卡洛斯一世"号（Juan Carlos I）两栖突击舰上的光学降落系统（OLS），由卡尔佐尼公司研制，可看出这套系统虽然是为了搭配"短距起飞与垂直降落"战机的降落进场而设计的，但其形式上与用在传统起降航空母舰上的系统仍有许多相似之处，同样是由中央的垂直指示灯号与两侧的基准灯组成，也附有"挥手"警示灯。（知书房档案）

附　　录
英制单位与公制单位换算表

长度（Length）

1厘米（cm）=0.394英寸（in）

1米（m）=3.28英尺（ft）

1米（m）=1.09码（yd）

1千米（km）=4.97浪（fur）

1千米（km）=0.621英里（mile）

面积（Area）

1平方厘米（cm^2）=0.155（in^2）平方英寸

1平方厘米（cm^2）=10.8（ft^2）平方英尺

1平方厘米（cm^2）=1.20（yd^2）平方码

1公顷（ha）=2.47平方英尺（ft^2）=英亩（ac）

1平方千米（km^2）=0.386平方英里（square mile）

重量（Mass）

1克（g）=0.03527盎司（oz）

1千克（kg）=2.20磅（lb）

1千克（kg）=0.157石（stone）

1公吨（t）=0.984吨（ton）

体积（Volume）

1立方厘米（cm^3）=0.0610立方英寸（in^3）

1立方厘米（cm^3）=35.3立方英尺（ft^3）

1立方厘米（cm^3）=0.765立方码（yd^3）

1立方厘米（cm^3）=27.5蒲式耳（bus）

容积（液体）Volume（Fluids）

1毫升（mL）=0.0352液体盎司（fl oz）

1毫升（mL）=1.76品脱（pt）

1升（L）=220加仑（gal）

力（Force）

1牛顿（N）=0.2251磅力（bf）

1吨力（tonf）=9.96千牛顿（kN）

压力（Pressure）

1千克/平方厘米（kg/cm^2）=0.07（PSI）磅/平方英寸

1千克/平方米（kg/m^2）=4.88磅/平方英尺（Lb/Ft^2）